轻松上

QINGSONG

XIUQIU DASHIKE

绣球大师课

秦 俊 胡永红 高 凯◎著

長江出版傳媒 湖北科学技术出版社

图书在版编目（CIP）数据

轻松上手的绣球大师课 / 秦俊，胡永红，高凯著 .—武汉：湖北科学技术出版社，2024.4

ISBN 978-7-5706-3184-1

Ⅰ. ①轻…　Ⅱ. ①秦…　②胡…　③高…　Ⅲ. ①虎耳草科—观赏园艺　Ⅳ. ① S685.99

中国国家版本馆 CIP 数据核字（2024）第 069335 号

图片提供：上海辰山植物园、杭州市园林绿化股份有限公司、
虹越花卉股份有限公司、上海共青森林公园
杜习武、高凯、葛斌杰、胡永红、李丽、秦俊、
邱帅、熊钢、晏姿、叶康、张宪权、周达康
视频提供：上海辰山植物园、杭州市园林绿化股份有限公司

策划编辑：胡　婷　　责任编辑：张丽婷
责任校对：陈横宇　　封面设计：曾雅明

出版发行：湖北科学技术出版社
地　　址：武汉市雄楚大街 268 号（湖北出版文化城 B 座 13—14 层）
电　　话：027-87679468　　邮　　编：430070

印　　刷：武汉科源印刷设计有限公司　　邮　　编：430299

787×1092　1/16　8.5 印张　1 插页　180 千字
2024 年 4 月第 1 版　　2024 年 4 月第 1 次印刷
定　　价：58.00 元

序

绣球与月季、铁线莲并称为“花园三宝”，已经越来越多地应用于园林绿化和家庭园艺中，深受园艺爱好者的青睐。大众对于识别、种养绣球的知识需求也日渐增多，《轻松上手的绣球大师课》一书的出版，犹如“及时雨”，能够为绣球爱好者提供帮助，满足这一需求。

细细品读《轻松上手的绣球大师课》，你能从很多地方感受到作者们的用心。他们以其丰富的经验和深厚的造诣，从识、栽、育、赏、玩等多个角度深入探讨绣球的种种奥秘，可以说是从读者的需求角度构思，涵盖了方方面面。尤其是通过二维码链接提供相关操作视频，让读者在阅读本书时不仅能获得图文知识信息，还可以对照视频进行实操。读完这本书，然后付诸实践，我相信读者们都会获得绣球识别、种养、应用的知识与技能，成为真正的绣球大师，进而领略到美好生活的真谛，成为名副其实的美好生活的践行者。

上海辰山植物园一向重视并积极践行植物科学普及工作，不仅举办了很多有意义的植物科普活动，还出版了大量高质量的植物科普著作，成效显著，在全国产生了积极反响。本书作者是上海辰山植物园精研植物的工作者，他们在繁重的科研任务之外，想读者所想，解读者之惑，这也体现了植物园人的社会担当。

我在很多场合都说过，植物园是种植爱、生产爱的地方。植物园的这些作者们不仅是一位位花卉专家，更是一位位用心传道授业解惑的良师益友。在这个信息爆炸的时代，他们能够立足社会需求，沉下心来将知识和技巧以图文和视频的形式全方位呈现，着实不易。这本书的出版，体现了园艺工作者服务社会“爱传大众”的精神和情怀，也是植物园把对植物的爱传递给社会的一座“桥梁”。

《轻松上手的绣球大师课》是一部实用的园艺科普图书。我很乐意为此书作序，把此书郑重推荐给广大读者。同时，也希望大家在平常的工作和生活中多主动接触植物，学会与植物沟通，了解植物的更多奥秘，收获植物带给我们的抚慰和快乐。我相信，这样的生活才会更加丰富多彩！我更希望未来上海辰山植物园能够推出樱花、牡丹、玉兰等更多种类植物的园艺科普图书，最终形成一套高质量的园艺科普精品系列丛书。

中国科学院院士 陈晓亚

前　言

2016年，我有幸加入上海辰山植物园，负责城市园艺技术研究，专注于挖掘城市园艺植物的新优品种以及研发新技术。我在调研中，发现绣球逐渐成为市场宠儿，其硕大艳丽、色彩多变的花序和超长的花期深受人们喜爱。其中最具代表性的品种当属‘Endless Summer’，即‘无尽夏’，至今仍是国内栽培最广泛的大叶绣球品种。

‘无尽夏’在国内的成功推广引起了众多园林企业的关注，也将更多的国外绣球品种带进了中国市场，越来越多的绣球品种受到城市园林建造者和家庭园艺爱好者的青睐。

在面对丰富多彩的绣球品种时，我也深感着迷。然而，调研结果让我意识到，引入的绣球品种并非都适合国内生长且表现出色。中国自有的绣球品种开发几乎一片空白，缺乏高效的种苗生产技术、精细的管养技术和园林配植技术，老百姓对绣球的习性和栽培知之甚少。

作为从事园艺技术研究的专业团队，我们必须思考如何做出贡献。因此，我毅然决定将绣球列为我们团队研究的重点之一，开始制订目标、整合资源、组建团队、寻求合作，展开深入研究。经过八年的不懈努力，我们的产学研团队与国家林业和草原局绣球花产业国家创新联盟理事长单位杭州市园林绿化股份有限公司达成战略协议，深入开展绣球在我国尤其是江南地区的种质创新和栽培养护。如今，我们在绣球资源收集与选育、精细化栽培技术、园林推广应用以及科普宣传等方面已经积累了一定的基础，也取得了一些成果。

然而，我们更希望将所学所得回馈社会。因此，我们决定撰写一本绣球科普书籍——《轻松上手的绣球大师课》。本书将从识、栽、育、赏、玩等多个方面介绍绣球的基础知识和养护、应用技巧，并通过二维码链接提供相关操作视频，希望通过图文和视频的形式全面展示我们的经验

PREFACE

和心得，为读者呈现绣球带来的美好生活。

本书是我们绣球团队共同努力的成果。在研究和编写过程中，得到了各方面的帮助和支持。先后获得上海市科学技术委员会“科技创新行动计划”、上海市农业农村委员会“科技兴农”及上海市绿化和市容管理局“辰山专项”等一系列项目的资助。感谢杭州市园林绿化股份有限公司邱帅博士、上海应用技术大学王铖副教授，以及上海辰山植物园张宪权高工、叶康高工、杨君等工程师在文字编写过程中提供的帮助；感谢上海辰山植物园李丽高工及国家植物园（北园）周达康正高级工程师协助病虫害鉴定；感谢上海交通大学曾丽教授、上海市绿化管理指导站朱苗青高工、上海辰山植物园寿海洋高工协助审稿。

我深信这本书将为爱花人士带来无限启发，让我们共同探索绣球的奥秘，享受花卉带来的乐趣与美好。

目　录

CONTENTS

CHAPTER 1

第 一 章

认 识 绣 球

绣球以其美丽的花姿、超长的花期、多变又可控的花色和易栽好养的习性深受人们的喜爱，不仅被广泛用于园林绿化，还受到园艺爱好者的热捧，可以说拥有大量“粉丝”。

在城市的公园广场、居民小区、私家花园都能见到绣球。在乡镇的大街小巷、健身广场、农家庭院也有栽培。绣球地栽和盆栽俱佳。在小庭院里种上一株就可成丛。盆栽则在室内外都可摆放，常用以组景；或花期采用小盆栽置于客厅、卧室或办公桌上，也可瓶插来点缀。当然，绣球不仅可用作鲜切花，制作干花、压花等也是很美的。

因此，在中国，绣球（*Hydrangea* cvs.）与月季（*Rosa* cvs.）、铁线莲（*Clematis* cvs.）被并称为“花园三宝”。

大叶绣球盛开的壮丽景观

“花园三宝”：月季、铁线莲、绣球（从左至右）

那么，绣球是一种什么样的植物？都有哪些种类？我们该如何去选择、繁殖、栽培和应用它们呢？本章将从其名实、栽培史、形态特征、生态学习性及分类与分布等方面进行介绍。

一、绣球的名实

绣球因其盛开枝顶的大型圆球状花序形如中国民间常见的吉祥物——绣球而得名。

说到绣球，大家可能会联想到“草绣球”“木绣球”等花卉名称。准确来讲，这些花卉名称并非指的同一类植物。

从植物分类学上来说，绣球一般指的绣球科（Hydrangeaceae）绣球属（又称八仙花属，*Hydrangea* Linn.）的大叶绣球（*H. macrophylla*）及其种下等级和品种。大叶绣球的品种及花色最为丰富，有着大量具有典型“绣球”状花序的品种，也是目前为止，我国栽培范围最广、栽培历史最悠久、最常见的绣球属植物。有时我们也把绣球属的其他观赏种类及其栽培品种统称为绣球。本书中的绣球不作特殊说明时，专指绣球科绣球属的观赏植物。

大叶绣球、草绣球及木绣球（从左至右）

草绣球（*Cardiandra moellendorffii*）是绣球科草绣球属（*Cardiandra* Siebold & Zucc.）植物。木绣球则是荚蒾科（Viburnaceae）荚蒾属（*Viburnum* Linn.）植物——绣球荚蒾（*V. keteleeri* 'Sterile'）的别称，又名斗球，是我国著名的观赏植物，大名鼎鼎的扬州传统名花——琼花（*V. keteleeri*）的栽培品种。此外，同属的引入栽培植物欧洲荚蒾（*V. opulus*）也常被称为欧洲木绣球。几者的区别在于，木绣球为大乔木或灌木，而草绣球属为亚灌木，木质化程度较低。多数绣球属植物介于二者之间，多为灌木，极少数为藤本或亚灌木，甚至乔木。本书介绍的主要是绣球属的灌木种类，诸如大叶绣球、圆锥绣球（*H. paniculata*）、栎叶绣球（·*H. quercifolia*），以及植株较高的乔木绣球（*H. arborescens*）和攀缘藤本藤绣球（*H. petiolanis*）。

在我国，大叶绣球还有许多俗称，诸如绣球花、八仙花、聚八仙、紫阳花、七变花、粉团花等。

值得一提的是，绣球的拉丁属名*Hydrangea*源于希腊词根hydro和angeion，前者有水的含义，后者则指容器，两个词根组合后意指绣球的成熟蒴果形如盛水的容器。

二、绣球的栽培史

中国是绣球栽培历史最悠久的国家。唐代宗大历年间，大诗人白居易题诗《紫阳花》："何年植向仙坛上，早晚移栽到梵家。虽在人间人不识，与君名作紫阳花。"紫阳花之名由此流传下来。南北宋时期古诗词文化空前繁荣，对花卉多有记述和题咏。在王禹偁的《后土庙琼花诗》、葛立方的《题卧屏十八花·八仙》、赵师侠的《柳梢青（聚八仙花）》中，均记录和描述了扬州后土祠种植的琼花。然而，后土祠的琼花不幸毁于辛巳宋金大战，出于对琼花的怀念，扬州城内的百姓将与其形态极为相似的绣球补植于此。也有人认为是从原株的残根萌生的新株，视为祥瑞。可见当时琼花和绣球花常常不易被区分，出现了琼花与八仙花之辨。具有代表性的当属南宋诗人方岳在《非琼花》中的记述："真珠碎簇玉蝴蝶，直与八仙同一腔。闻名见面足笑莞，强为花辨几愚蠢。"到明清时，人们进一步对绣球和木绣球作了区分，在王象晋的《群芳谱》、陈梦雷等的《古今图书集成·草木典》中均有记载。

不过，直到新中国成立前，绣球主要还是以民间栽培和传播为主，可能保留有不同变异个体，但并无明确的品种区分。到20世纪后期，一些国外品种陆续被引入，并逐渐在园林绿化中应用开来，著名的品种有泽绣球‘蓝鸟’（*H. macrophylla* f. *serrata* 'Bluebird'）等。近年来，我国绣球的应用进入快速发展时期，不仅从国外引进了大量新优品种，还自主选育出一批适合本土气候的新品种，在繁殖技术、种植技术和配置手法上都有了深入的研究，应用范围也十分广泛，如花坛、花境、林缘、庭院等，还出现了以绣球为主题的专类园。

泽绣球‘蓝鸟’

在日本，绣球与樱花齐名，有着悠久的栽培历史和深厚的文化基础，可谓家喻户晓。日本栽培最广的种类是大叶绣球，其紫阳花之名，最早由我国大诗人白居易命名，传入日本后，被日本人所接受。在镰仓的三大赏紫阳花地之一的明月院内，种植着约3000棵紫阳花，清一色的蓝色又被称为“明月院蓝”。日本的一些寺庙还常常于绣球花期举办“紫阳花祭”。

“你我”系列：a.‘你我的浪漫’；b.‘你我的灵感’；c.‘你我的永恒’

今天，日本的育种家已经培育出了大量的绣球园艺品种，如矢田部照辉的“女士”系列（Lady）、入江亮次的“你我”系列（You & ME）、山本武城的“双喜”系列（Double Delights）等，在花形、花色及叶色上都非常丰富。

欧美国家绣球栽培的历史并不长，最早可追溯至19世纪大量收集绣球植物资源。得益于收集到的丰富资源和发达的园艺水平，欧美国家培育出了大量的绣球品种，不仅有大叶绣球，还包括圆锥绣球、乔木绣球、栎叶绣球等，形成了很多品种系列，代表性的有大

大叶绣球‘塞布丽娜’

叶绣球的“荷兰女士”系列（Dutch Ladies）、乔木绣球的“无敌”系列（Invincibelle）、栎叶绣球的“盖茨比”系列（Gatsby）等。另外，由荷兰的德籍医生希波尔特命名的大叶绣球品种‘Otaksa’（国内有学者将其品种名译为‘紫阳花’），可算得上是在世界范围内流传最广、最有名的传统品种之一。诸多品种不仅株型、花形、花色不同，而且具有不同的生态习性，使得绣球在绿地花园中更易被选用，且应用更灵活，成为世界流行的观赏植物。

乔木绣球‘无敌贝拉安娜’

三、绣球的形态特征

1. 生活型

从生活型上来看，绣球为落叶或常绿的灌木、亚灌木、小乔木，直立或攀缘生长。

大灌木的圆锥绣球

攀缘的藤绣球

乔木状的蜡莲绣球

2. 叶片的形态特征

绣球的叶对生，很少轮生，具叶柄，无托叶；常为单叶，全缘或有锯齿，少数为羽状浅裂。叶片质薄，常为纸质、薄纸质或膜质，少数为厚纸质、近革质或革质。叶片两面常具有或多或少的毛。叶片正面颜色也有不同，有深绿色、浅绿色和黄绿色，栽培品种中甚至还有紫色叶等。

栎叶绣球的单叶羽状分裂，圆锥绣球的单叶不分裂

3. 花的形态特征

从育性上分，绣球的花一般有两种类型——装饰花和非装饰花。装饰花大，显著，具长花梗；花萼膨大呈花瓣状，形状多变，颜色丰富，2~5枚；花瓣、雌雄蕊不同程度退化，一般不显著。因此，我们平时看到的“花瓣”其实是绣球的萼片。非装饰花较小、不显著，具短花梗；花萼、花瓣和雌雄蕊完整，一般为白色，也有呈蓝色或其他颜色。

大叶绣球的花序外围为大型的装饰花，中间为小的非装饰花

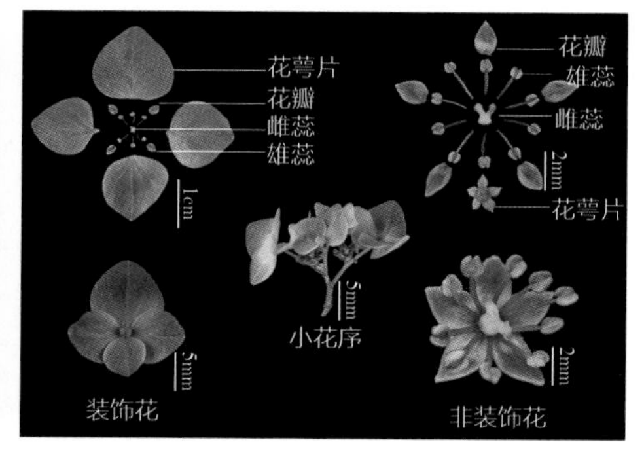

大叶绣球‘夕颜’的花及花部离析解剖图

绣球的花萼是重要的观赏对象。园艺上，植物的花因萼片的数量、形状和排列不同而形成不同的观赏形态。萼片数量不同会形成单瓣、或复瓣花形（萼片增多）；形状有平展、褶皱或卷曲的，其边缘有全缘的，也有锯齿状、齿裂状、波状甚至褶皱状的。

萼片平展，全缘单瓣

萼片边缘两侧略向内卷曲，全缘复瓣

萼片向内卷曲

萼片边缘锯齿状

萼片边缘齿裂状

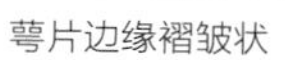

萼片边缘褶皱状

萼片边缘波状

4. 花序的形态特征

绣球的花序为伞房状聚伞花序、伞形聚伞花序或聚伞花序，由许多小花组成（多的可达近千朵花）。

园艺上通常说的绣球花形是指其花序的外观形状，一般有3种类型：圆球形（mophead）、平头形（lacecap）和圆锥形（paniculate）。

圆球形又称拖把头形，因花序全部或多数由装饰花组成，呈球形或半球形而得名。此种类型在绣球园艺品种中较多，在大叶绣球品种中更多。

平头形，又称为平顶形、蕾丝帽形，为伞形聚伞花序类型。整个花序呈平顶圆盘状，一般由2种花形组成：中间为较小的非装饰花，外围为大型的装饰花。一些绣球属原生种以及部分大叶绣球的园艺品种即为此种花序类型。

圆锥形，因伞房状聚伞花序、聚伞花序整体呈圆锥状或下粗上窄的高塔状而得名。一般由装饰花和可育花组成，也有全部由装饰花组成的品种。圆锥形花序多见于圆锥绣球、乔木绣球和栎叶绣球，以及它们的园艺品种。

拖把头形花序：a. 圆球形；b. 半球形

由装饰花和非装饰花组成的平头形花序

全部由装饰花组成的圆锥形花序

由装饰花和非装饰花组成的圆锥形花序

5. 花色

由于非装饰花小，且常为白色，因此通常绣球的花色主要是指其装饰花萼片的颜色。绣球的花色丰富、多变，有白、粉、红、蓝、紫等颜色。既有单色的品种，也有复色的品种，还有多色渐变的品种。复色品种可分为2类：非装饰花与装饰花不同色、非装饰花萼片具有2种及以上颜色。多色渐变则一般是指花序具有3种以上花色，且开花的不同阶段花色呈现出变化。

装饰花粉白色

装饰花粉白色，边缘镶红色

装饰花呈蓝、紫、白、粉多色渐变

装饰花绿色的乔木绣球

值得一提的是，绣球的花色容易受到土壤酸碱性的影响，在酸性土壤（pH 值 <6.5）中偏蓝色，在微碱性土壤（pH 值 7~7.5）中偏红色，后期还会随土壤的酸碱度呈现出不同的色彩。比如，大叶绣球‘无尽夏’初花是粉色，后期会根据土壤的酸碱度表现出蓝色至红色，在上海偏碱性的土壤中，一般表现为红色。

蓝色‘无尽夏’（土壤 pH 值 5~6.5）

粉色‘无尽夏’（土壤 pH 值 7~7.5）

6. 花期

绣球是典型的夏花植物，自然花期一般为5—8月。不同种类的绣球花期有一定的差异。一般来讲，大叶绣球开花较早，在长江流域花期为5月中旬至6月下旬；圆锥绣球开花最晚，花期在7—8月；栎叶绣球和乔木绣球花期则与大叶绣球基本一致而略迟，在5月下旬至6月下旬。具体见表1-1。

表1-1　绣球的开花特性和长江中下游流域露地栽培的花期

种类	开花特性	5月			6月			7月			8月		
		上旬	中旬	下旬	上旬	中旬	下旬	上旬	中旬	下旬	上旬	中旬	下旬
大叶绣球	老枝开花												
圆锥绣球	新枝开花												
乔木绣球	老枝开花												
栎叶绣球	老枝开花												

当然，同一种类的不同品种花期也会有差异。比如，大叶绣球的早花品种如‘塞布丽娜’在5月初就开花了，比同类其他品种早7~10天；肥水管理得当，则花期会延长至8月。总的来讲，绣球的花期与品种、植株生长势、生长环境和栽培管养措施等都有关系。

大叶绣球‘塞布丽娜’

此外，不同种类的绣球开花习性也不同。大叶绣球品种一般为老枝开花，也有少量品种新枝开花；栎叶绣球为老枝开花，圆锥绣球和乔木绣球为新枝开花。

大叶绣球新老枝开花对比

采用修剪、遮光和控制温度等栽培措施也可以调整绣球的花期。例如，对于新枝开花的绣球品种，可以通过修剪促进新枝生长，实现二次开花，从而延长花期；对圆锥绣球进行适当的修剪和遮阴，可使其在秋季第二次开花；盆栽的绣球可在温室人工栽培条件下实现周年开花。

绣球盆栽苗

盆栽绣球温室周年生产

四、绣球的生态学习性

不同的绣球种类具有不完全一样的生态学习性，对栽培环境的要求也有着明显的差异。我们可以从绣球对光照、水分和温度等方面的适应性表现，根据立地条件选择合适的品种。

光照：大叶绣球喜光也稍耐阴，多数品种适合半阴的环境，仅少数品种能够忍耐高温强光的环境。适当遮阴有利于大叶绣球的生长，但遮光率超过50% 会造成生长不良。圆锥绣球和栎叶绣球则较为喜光，一般宜全阳栽培。

水分：绣球生长旺盛，植株含水量高，对水分需求量大。夏季炎热时，需要经常浇水以保持土壤湿润，但不能积水。黏重积水的土壤不利于绣球的生长。

温度：大叶绣球喜温暖湿润的环境，不耐寒，适合在长江流域以南地区露地栽培，北方地区只能作盆栽观赏；乔木绣球、栎叶绣球和圆锥绣球的耐寒性相对较强，可在北方地区露地栽培。不同品种的耐热性也有明显差异。耐热性不仅会影响绣球的正常生长，还会影响绣球的花期。

土壤：绣球喜欢疏松透气的微酸性土壤，多数绣球品种能够在微酸性到微碱性（pH 值5~8）的土壤中生长，但一般在微酸性土壤中生长较好，若土壤偏碱性，可以加入硫酸、硫酸亚铁或增加有机质进行调节。

五、绣球的分类与分布

1. 绣球的分类

绣球属的系统分类一直存在争议。过去绣球属常被认为隶属于虎耳草科（Saxifragaceae）绣球花亚科（Hydrangeoideae）。如今，绣球属隶属于绣球科绣球族（Hydrangeeae）这一分类观点更易被接受。此外，绣球属的范畴、属内分组及种的数量均存在着分歧。绣球属被认为并不是一个严格意义上的单系类群。绣球属内分组大致经历了由少到多，逐渐细化的过程。《中国植物志》将绣球属分为5个组：离瓣组、挂苦子组、绣球组、星毛组和冠盖组。《中国植物志》和 *Flora of China* 中均记载绣球属约有73个种，但前者认为我国有46种10个变种，后者则认为我国仅有33种2个变种。

绣球的园艺分类有多种方式，依据不同的分类原则具有不同的分类方式。比如从种源角度来划分，一般可将绣球园艺品种分为大叶绣球品系、圆锥绣球品系、乔木绣球品系、栎叶绣球品系、藤绣球品系以及种间杂交品系等。从地域划分，包括欧洲绣球（European hydrangea）品系、美国绣球（American hydrangea）品系、日本绣球（Japanese hydrangea）

大叶绣球‘白色天使’

紫茎绣球‘狐狸’

品系及中国绣球（Chinese hydrangea）品系。从最为突出的观赏特性，诸如装饰花萼片形态和颜色，甚至茎色来划分，可分为蓝边绣球品系（Coerulea）、大叶绣球品系（Hortensis）、齿瓣绣球品系（Macrosepala）、银边绣球品系（Coerulea）和紫茎绣球品系（Mandshuriea）。

此外，还可综合绣球品种的株型、主要观赏特性、适应性和应用形式，甚至培育人及命名方式等多方面来评判，形成不同的品牌

“无尽夏”系列：a.‘无尽夏’；b.‘无尽夏新娘’

和系列。比较知名的有“魔幻”系列、“你我”系列、“无尽夏”系列、“无敌”系列以及中国的“青山”系列（Qingshan）等，其中“你我”系列还可根据品种登录地点不同，分为日本“你我”系列和欧洲“你我”系列。

我国也有从商品应用实际出发进行分类，将绣球分为盆栽绣球和切花绣球，其中盆栽绣球又可分为盆花型和花园型。

“青山”系列：a.‘青山棉花糖’；b.‘青山繁星’

2. 绣球的分布

从地理分布来看，绣球属原生种分布于东亚至东南亚、北美洲东南部、中美洲及南美洲西部。其中东亚分布着一半以上的原生种，仅中国就拥有全属45%的原生种。

在中国，从水平分布来看，绣球属原生种遍布东北、西北、华北、华东、华中、华南及西南地区，在省区级行政区上，除了海南、新疆、黑龙江及吉林外，全国其他省区均有分布；从垂直分布来看，绣球属原生种分布在230~4000m的海拔范围内，集中分布区间为海拔500~2500m，种间垂直高差近3800m，种内垂直高差可达2600m。

六、绣球的育种与栽培

目前，欧美国家和日本已成为绣球属园艺品种的育种中心。其中，欧洲有代表性的国家包括荷兰、法国、丹麦等，形成了自己的绣球品牌和系列。我国在绣球属新品种培育方面也取得了突飞猛进的发展。据国家林业和草原局官网统计数据显示，截至2022年，我国共申请了241个绣球新品种，其中授权品种25个（大部分为国内自育种品种）。

绣球的栽培区域很广，几乎出现在全世界适栽范围内的公园和展会中。诸如英国切尔西花展、葡萄牙的亚速尔绣球群岛、加拿大尼亚加拉公园、日本京都府立植物园等。

英国切尔西花展布里奇沃特的绣球花展

日本京都府立植物园里栽培的绣球

与此同时，绣球在上海、杭州、昆明等我国的一些大中型城市园林绿地里的应用范围及产业化生产规模也在快速扩大。例如，上海辰山植物园以品种展示为主的绣球花园；上海共青森林公园重点打造的特色专类园——八仙花主题园；浙江杭州西湖名胜区吴山景区的绣球花展等都取得很好的影响。在浙江嘉兴（海宁）、杭州，及云南昆明等国内一些城市，绣球盆花及切花产业化生产也已形成规模。

绣球的种质资源收集

上海辰山植物园的绣球花园

上海共青森林公园的八仙花主题园

海宁及昆明的绣球花产业化生产基地

CHAPTER 2

第　二　章

绣球的常见种类

全世界绣球属原生种约有73种，其中马桑绣球（*H. aspera*）、山绣球（*H. macrophylla* var. *normalis*）、泽绣球（即粗齿绣球，*H. macrophylla* f. *serrata*）、中国绣球（*H. chinensis*）等许多种类都具有很高的观赏价值。少数种类诸如大叶绣球、圆锥绣球、乔木绣球等已被广泛栽培，并培育出许多优异的品种。

作为世界著名的观赏植物，绣球的园艺品种更是数以千计。从种源来看，常见的园艺品种主要有四大类：大叶绣球品种、圆锥绣球品种、乔木绣球品种及栎叶绣球品种。

马桑绣球

山绣球

一、大叶绣球品种

落叶丛生灌木，株高0.5~4m。叶长5~20cm，叶宽3~13cm；叶片椭圆形或倒卵形，叶缘具粗齿。伞房状聚伞花序呈圆球形或平头形。圆球形花序几乎全为装饰花，平头形花序外围为装饰花，中央为非装饰花。花色丰富，有白、粉、红、蓝、紫等多种花色。花期5—7月。

大叶绣球是栽培品种数量最多的绣球，已登录上千个品种。按花序形状及装饰花（或非装饰花）的瓣性，常可分为单瓣拖把头形、复瓣拖把头形、单瓣蕾丝帽形、复瓣蕾丝帽形。

平头形花序

圆球形花序

1. 单瓣拖把头形

大叶绣球‘无尽夏’
（*H. macrophylla* 'Endless Summer'）

目前国内栽培最多的大叶绣球品种。新老枝都能开花，耐修剪。

花序饱满，盛花期直径可达20cm。初花粉色，可调色，在上海种植一般呈红色。花期5—7月，若肥水管理得当，花期可延长至8月。

大叶绣球‘无尽夏’

大叶绣球‘汉堡’
（*H. macrophylla* 'Hamburg'）

花序大而饱满，盛花期直径可达25cm。装饰花较大，初开浅白色至粉色。可调色，在上海种植一般呈红色。花期5—7月。

大叶绣球‘汉堡’

大叶绣球‘烽火’
（*H. macrophylla* 'Leuchtfeuer'）

花序饱满，盛花期直径可达20cm。初花浅粉色，中期呈砖红色，内有黄绿色晕染。可调色，在上海种植一般呈红色。花期5—7月。

大叶绣球‘烽火’

大叶绣球‘博登湖’
（*H. macrophylla* 'Bodensee'）

花序饱满，盛花期直径可达20cm。盛花期装饰花内有淡黄色晕染，初花粉色。可调色，在上海种植一般呈红色。花期5—7月。

大叶绣球‘博登湖’

大叶绣球‘含羞叶’

大叶绣球‘含羞叶’
（*H. macrophylla* 'Elbtal'）

花序饱满，盛花期直径可达20cm。装饰花萼片有锯齿，先端渐尖。初花黄绿色，萼片边缘红色，中期呈现红色，内有粉色晕染。可调色，在上海种植一般呈红色。花期5—7月。

大叶绣球‘魔幻珊瑚’

大叶绣球‘魔幻珊瑚’
（*H. macrophylla* 'Magical Coral'）

花序饱满，盛花期直径可达20cm。装饰花萼片全缘。初花期到盛花期，花色渐变，一个花序可呈现不同的色彩，有黄绿色、粉色至红色。可调色，在上海种植一般呈红色。花期5—7月。

大叶绣球‘塞布丽娜’

大叶绣球‘塞布丽娜’
（*H. macrophylla* 'Sabrina'）

花序饱满，盛花期直径可达20cm。装饰花萼片全缘或有微齿。初花期到盛花期，萼片边缘为红色，内为粉白色，花期5—6月，较同品种群其他品种早7~10天。

大叶绣球‘奇迹’
（*H. macrophylla* 'Merveille'）

花序饱满，盛花期直径可达20cm。装饰花萼片全缘，顶部略钝。初花黄绿色，中期呈红色，内有黄绿色晕染，盛花期到后期呈水红色。花期5—7月。

大叶绣球‘奇迹’

大叶绣球‘阿耶莎’
（*H. macrophylla* 'Ayesha'）

花序饱满。装饰花萼片边缘内卷。初花淡绿色，可调色，在上海种植一般呈粉红色。花期5—7月。在日本称为“涡紫阳花”，也俗称“爆米花”。

大叶绣球‘阿耶莎’

绣球‘珍贵’
（*H.*× 'preziosa'）

大叶绣球和山绣球的杂交品种。

叶片薄革质，有光泽，长10~15cm，宽7~12cm，边缘有粗齿；叶脉和叶尖红褐色；叶柄很短。

花序小，直径可达15cm。装饰花萼片全缘。初花粉红色，萼片边缘为红色晕染；中后期呈红色，具水红色晕染。花期5—7月。

绣球‘珍贵’

大叶绣球‘玛蒂尔达’

大叶绣球‘玛蒂尔达’
（*H. macrophylla* 'Mathilde Gütges'）

花序饱满，盛花期直径可达20cm。初花粉色，盛花期装饰花内有淡黄色晕染。可调色，在上海种植一般呈红色。花期5—7月。

大叶绣球‘斑马’

大叶绣球‘斑马’
（*H. macrophylla* 'Zebra'）

花序较小，饱满，盛花期直径可达15cm。装饰花萼片边缘有锯齿。花白色，盛花期萼片中心呈淡粉色。花色不可调。花期5—7月。

大叶绣球‘薄荷’

大叶绣球‘薄荷’
（*H. macrophylla* 'Mint Thumb'）

花序饱满，盛花期直径可达20cm。初花淡绿色，盛花期萼片中心具红色斑块或晕染，外围粉白色，边缘全缘。花期5—7月。

大叶绣球‘贝拉’
（*H. macrophylla* 'Bella'）

花序饱满，盛花期直径可达20cm。萼片全缘。初花淡绿色，盛花期萼片中心有淡淡的紫红色晕染，可调蓝。花期5—7月。

大叶绣球‘贝拉’

大叶绣球‘碧绿仙女’
（*H. macrophylla* 'Vibrant Verde'）

花序中等大小、圆球形，盛花期直径15~20cm。萼片边缘有锯齿。初花淡绿色，盛花期萼片中心呈粉色，边缘绿色，清新雅致。花期5—7月。

大叶绣球‘碧绿仙女’

大叶绣球‘蒂沃利’
（*H. macrophylla* 'New Tivoli'）

花序圆球形，盛花期直径15~20cm。萼片全缘。初花淡绿色，随后变为粉红色；盛花期萼片中心呈淡黄色，外围红色，边缘粉色。花期5—7月。

大叶绣球‘蒂沃利’

大叶绣球‘花火’

大叶绣球‘花火’
（*H. macrophylla* 'Hanabi'）

花序大而饱满，盛花期直径可达20cm以上。萼片全缘，先端渐尖。初花中心淡黄绿色，随后逐渐转为红色。花期5—7月。

大叶绣球‘皇家百合’

大叶绣球‘皇家百合’
（*H. macrophylla* 'Royal Red Lilas'）

花序大而饱满，盛花期直径可达20cm以上。萼片在花期有皱褶，边缘有微齿，先端渐尖。初花中心呈淡黄绿色，随后逐渐转为红色，盛花期红色。花期5—7月。

大叶绣球‘火红’

大叶绣球‘火红’
（*H. macrophylla* 'Hot Red'）

花序大而饱满，盛花期直径可达20cm以上。萼片全缘、无锯齿，先端钝尖。初花中心呈淡黄绿色，随后逐渐转为红色。花期5—7月。

大叶绣球‘鸡尾酒’
（*H. macrophylla* 'Cocktail'）

花序小，盛花期直径为15cm左右。萼片有锯齿。初花粉色，盛花期中心具粉白色或粉红色晕染，边缘粉红色。花色不可调。花期5—7月。

大叶绣球‘鸡尾酒’

大叶绣球‘蓝色恋情’
（*H. macrophylla* 'Amor Blue'）

花序圆球形，盛花期直径可达20cm。萼片全缘。盛花期萼片整体呈蓝色，中心有淡紫红色晕染，颜色搭配很有趣。花色可调蓝。花期5—7月。

大叶绣球‘蓝色恋情’

大叶绣球‘玫瑰女王’
（*H. macrophylla* 'Rose Queen'）

花序圆球形，盛花期直径可达20cm。萼片边缘具锯齿。花色粉红，可调蓝。花期5—7月。

大叶绣球‘玫瑰女王’

大叶绣球‘你我的灵感’

大叶绣球‘你我的灵感’
（*H. macrophylla* 'You and me Inspiration'）

花序大，圆球形，盛花期直径可达20cm以上。装饰花萼片狭长、全缘，形态较独特。初花淡绿色，盛花期转成粉红色。花期5—7月。

大叶绣球‘铆钉’

大叶绣球‘铆钉’
（*H. macrophylla* 'Stiletto'）

花序大而饱满，圆球形，盛花期直径可达20cm以上。萼片卷曲，形态较独特，边缘全缘。初花淡绿色，中心呈黄绿色，盛花期转成粉红色。花期5—7月。

大叶绣球‘摇摆乐’

大叶绣球‘摇摆乐’
（*H. macrophylla* 'Swing'）

茎干直立性较强。花序大而饱满，圆球形，盛花期直径可达20cm以上。萼片心形，全缘。初花整体呈淡绿色，中心呈黄绿色，盛花期转成红色。花期5—7月。

2. 复瓣拖把头形

大叶绣球‘花手鞠’
（*H. macrophylla* 'Hanatemari'）

花序大而饱满，盛花期直径可达25cm。花复瓣型。萼片尾部较圆而整齐。初花粉色，可调色，在上海种植一般呈红色。花期5—7月。

大叶绣球‘花手鞠’

大叶绣球‘艾薇塔’
（*H. macrophylla* 'Evita'）

花序饱满，盛花期直径可达20cm。花复瓣型。萼片尾部渐尖。初花浅绿色，后期会随土壤的酸碱度表现出粉色至蓝色。花期5—7月。

大叶绣球‘艾薇塔’

大叶绣球‘夏洛特公主’
（*H. macrophylla* 'Princess Charlotte'）

花序饱满，盛花期直径可达20cm。花复瓣型。萼片尾部渐尖。盛花期萼片中间红色，向外晕染，边缘呈粉色，色彩比较独特。花期5—7月。

大叶绣球‘夏洛特公主’

大叶绣球‘戴安娜王妃’

大叶绣球‘戴安娜王妃’
（*H. macrophylla* 'Princess Diana'）

花序大而饱满，盛花期直径可达20cm以上。花复瓣型。萼片狭长，两侧向内卷曲。盛花期萼片中心部分呈黄绿色，其余大部分是粉红色，形态及色彩比较独特。花期5—7月。

大叶绣球‘蝴蝶’

大叶绣球‘蝴蝶’
（*H. macrophylla* 'Butterfly'）

花序中等大小，盛花期直径可达15~20cm。花复瓣型。外轮萼片大而圆，内轮萼片小。非装饰花萼片常增大、增多。盛花期中心部分呈浅黄绿色，其余大部分呈粉红色。花期5—7月。

大叶绣球‘妖精之吻’

大叶绣球‘妖精之吻’
（*H. macrophylla* 'Goblin Kiss'）

花序较小，盛花期直径可达15cm。花复瓣型。萼片3轮，内凹。花色可调蓝，上海偏碱性土壤环境下呈粉红色。花期5—7月。

大叶绣球‘你我的惊喜’
（*H. macrophylla* 'You and me Surprise'）

花序较小，盛花期直径可达15~20cm。花复瓣型。萼片3轮，排列较松散，内凹；底轮萼片呈粉红色，其余萼片呈黄绿色。花期5—7月。

大叶绣球‘你我的惊喜’

大叶绣球‘腔调’
（*H. macrophylla* 'Retro Accent'）

花序中等大小、饱满，盛花期直径15~20cm，形似缩小版的‘花手鞠’。花复瓣型。萼片3轮，粉色到红色，可调蓝。花期5—7月。

大叶绣球‘腔调’

大叶绣球‘纱织小姐’
（*H. macrophylla* 'Miss Saori'）

花序中等大小，饱满，盛花期直径15~20cm。花复瓣型。萼片2~3轮，中心粉白色，边缘有红色晕染，花色不可调蓝。花期5—7月。

大叶绣球‘纱织小姐’

大叶绣球‘太阳神殿’

大叶绣球‘太阳神殿’
（*H. macrophylla* 'Temple of the Sun'）

表现优良的品种，在特定条件下新老枝都能开花。

株型紧凑。花序大而饱满，盛花期直径可达20cm以上。花复瓣型，粉色到红色。萼片2~3轮，初花中心呈黄绿色，外围呈粉红色。花期5—7月。

大叶绣球'银河'
（*H. macrophylla* 'Milky Way'）

花序大而饱满，盛花期直径可达20cm以上。花复瓣型，粉色到红色。萼片2~3轮，全缘，尾部急尖。花期5—7月。

大叶绣球'银河'

大叶绣球'万华镜'
（*H. macrophylla* 'Kaleidoscope'）

花序饱满，盛花期直径可达20cm。花复瓣型。萼片2~3轮，全缘，颜色随花期变化由浅黄绿色到粉红色不等。花期5—7月。

大叶绣球'万华镜'

3. 单瓣蕾丝帽形

大叶绣球‘完美玛丽斯’
（*H. macrophylla* 'Mariesii Perfecta'）

花序平展。初花粉色。装饰花萼片全缘，内有浅粉色晕染，花梗长2~3cm。可调色，在上海种植一般呈红色。花期5—7月。

大叶绣球‘完美玛丽斯’

大叶绣球‘狐狸’
（*H. macrophylla* 'Zorro'）

花序紧凑。装饰花萼片较大，全缘；初期呈粉红色，可调色，在上海种植一般呈红色。花期5—7月。

大叶绣球‘狐狸’

大叶绣球‘塔贝’
（*H. macrophylla* 'Taube'）

花序平展，装饰花萼片全缘，初期呈粉色，内有浅蓝色晕染，花梗较短。花色可调，在上海种植一般呈粉色至浅蓝色。花期5—7月。

大叶绣球‘塔贝’

山绣球‘抚子’
（*H. macrophylla* var. *normalis* 'Nadeshiko'）

叶片薄革质；叶面有光泽，具褐色斑块。

装饰花萼片全缘，初花外侧呈粉色，内有浅蓝色晕染。花梗较短。花色可调，在上海种植一般呈粉色至浅蓝色。花期5—7月。

山绣球‘抚子’

大叶绣球‘三色’
（*H. macrophylla* 'Tricolor'）

表现很优良的品种，耐热性和抗晒性比较强。

叶片薄革质，心形，有光泽，边缘有锯齿、具有由黄色或黄绿色逐渐变为白色，不规则斑块。

装饰花萼片全缘，外侧呈粉色到白色，花梗中等长度；非装饰花呈蓝紫色。花期5—7月。

大叶绣球‘三色’

大叶绣球‘拉娜白’
（*H. macrophylla* 'Lanarth White'）

株型高大，抗性较好。叶片比较厚，薄革质，心形有粗齿。

花序呈半圆球状，白色。装饰花萼片全缘、先端渐尖；非装饰花呈粉红色，不可调蓝。花期5—7月。

大叶绣球‘拉娜白’

大叶绣球‘柠檬波’
（*H. macrophylla* 'Lemon Wave'）

叶片薄革质，心形，有光泽，部分叶片具金黄色或银白色的不规则斑块或大部分为金黄色。

装饰花萼片全缘，粉红色，花梗中等长度；非装饰花浅蓝紫色。花期5—7月。

大叶绣球‘柠檬波’

大叶绣球‘初恋’
（*H. macrophylla* 'Hatsukohi'）

叶片薄革质，心形有光泽，边缘有锯齿；叶面，尤其是嫩叶有黄色斑块。

装饰花边缘有少许锯齿，花梗中等长度。装饰花和非装饰花都呈粉红色。花期5—7月。

大叶绣球‘初恋’

大叶绣球‘水平’
（*H. macrophylla* 'Libelle'）

初花粉色。装饰花萼片全缘，内有浅粉色晕染；花梗长2~3cm。可调色，在上海种植一般呈红色。花期5—7月。

大叶绣球‘水平’

大叶绣球‘紫衣教主’

大叶绣球‘紫衣教主’
（*H. macrophylla* 'Teller Kardinal Lilas'）

非装饰花初开粉色。装饰花较大，萼片紫红色，全缘，先端急尖；花梗长2~3cm。可调蓝。花期5—7月。

大叶绣球‘蓝色叙事者’

大叶绣球‘蓝色叙事者’
（*H. macrophylla* 'Teller Blauling'）

非装饰花初开粉色。装饰花较大，萼片蓝色，全缘，先端急尖；花梗较长，3~5cm。可调蓝。花期5—7月。

大叶绣球‘卡迪娜红’

大叶绣球‘卡迪娜红’
（*H. macrophylla* 'Teller Kardinal Rouge'）

装饰花较大，萼片圆形，红色，全缘，先端具缺刻；花梗长2~3cm。非装饰花初开粉色，盛花期呈红色，不可调蓝。花期5—7月。

4. 复瓣蕾丝帽形

大叶绣球‘三原八重’
（*H. macrophylla* 'Mihara-yae'）

装饰花复瓣型。萼片边缘有锯齿，初开浅白色，内有红色晕染。花梗长7~8cm。可调蓝，在上海种植一般呈粉红色。花期5—7月。

大叶绣球‘三原八重’

大叶绣球‘伊娜手鞠’
（*H. macrophylla* 'Yina-Shouju'）

大叶绣球和粗齿绣球的杂交品种，株型、叶片和花形都娇小可爱，适合盆栽。

叶片披针形，革质，质薄，粗糙，全缘。

花序较松散。装饰花复瓣型。萼片卵圆形，全缘，初花粉色，中期呈红色，盛花期到盛花后期为水红色。初花较同品种群品种早7~10天开放。

大叶绣球‘伊娜手鞠’

大叶绣球‘小町’

大叶绣球‘小町’
（*H. macrophylla* 'Komachi'）

叶片披针形，革质，质薄，粗糙，全缘。

花序中等大小，比较松散，盛花期直径15~20cm。装饰花复瓣型。萼片卵圆形，全缘，初花粉色，中期阶段渐变为红色。部分非装饰花的萼片也增大、增多，复瓣型，盛花期到盛花后期红色。花期5—7月。

大叶绣球‘森乃妖精’

大叶绣球‘森乃妖精’
（*H. macrophylla* 'Morino-yosei'）

株型矮小，叶片和花形也都较小，娇小可爱，适合盆栽。

叶片披针形，革质，质薄，粗糙，全缘；长5~10cm，宽4~7cm；叶柄很短。

花序小，盛花期直径可达15cm。装饰花复瓣型。萼片卵圆形，全缘，初花粉色，到中期渐变至红色，盛花期到盛花后期红色。

大叶绣球‘佳澄’

大叶绣球‘佳澄’
（*H. macrophylla* 'Kasumi'）

花序介于重瓣的拖把头形和蕾丝帽形之间，直径可达20cm。初花粉色，盛花期到后期红色。盛花期外围的装饰花萼片相对大一圈，卵圆形，全缘。大部分非装饰花萼片增大、增多，复瓣型。可调蓝。花期5—7月。

大叶绣球‘奇妙仙子’
（*H. macrophylla* 'Tinker Bell'）

株型、叶片和花形适中，盆栽、地栽均可。

花序直径可达20cm。初花粉色，盛花期到后期红色。盛花期外围的装饰花萼片相对大一圈。装饰花萼片卵圆形，全缘；少部分非装饰花萼片增大、增多，呈复瓣型，可调蓝。花期5—7月。

大叶绣球‘奇妙仙子’

大叶绣球‘头花’

大叶绣球‘头花’
（*H. macrophylla* 'Headdress'）

花序中等大小，直径15~20cm。装饰花形如其名，像头饰；萼片卵圆形，全缘，花梗长3~5cm，初花粉色，盛花期到盛花后期红色，可调蓝。花期5—7月。

大叶绣球‘城崎’
（*H. macrophylla* 'Jogasaki'）

表现优良的品种。株型较大，适合地栽。

叶片卵圆形，薄革质，粗糙，全缘。

盛花期花序直径可达20cm。装饰花萼片卵圆形，全缘；初花粉色，盛花期开始表现为红色。可调蓝。花期5—7月。

大叶绣球‘城崎’

大叶绣球‘闪闪星’

大叶绣球‘闪闪星’
（*H. macrophylla* 'Sparkling Star'）

花序中等大小，直径15~20cm。装饰花萼片圆形，边缘有微齿；花梗长3~5cm。初花粉色，装饰花萼片中心红色，边缘粉白色。花期5—7月。

大叶绣球'雪舞'
（*H. macrophylla* 'Winter dance'）

花序直径可达20cm。装饰花边缘有微齿，卵圆形，尾部渐尖；花梗长2~4cm。装饰花白色。非装饰花黄绿色，少部分退化成装饰花。花期5—7月。

大叶绣球'雪舞'

二、圆锥绣球品种

又称圆锥八仙花。落叶丛生灌木，株高1~6m。叶片椭圆形，长5~15cm，宽2~10cm，较大叶绣球质薄且粗糙，叶缘具细齿。圆锥花序拱形侧垂。花二型，装饰花和非装饰花排列紧密。花色一般为乳白色。花期7—8月。

圆锥绣球叶片

圆锥绣球花序

圆锥绣球‘幻影’

圆锥绣球‘幻影’
（*H. paniculata* 'Phantom'）

花序圆锥形，长20~30cm，几乎全为装饰花。初花白色或浅绿色，后期受日照和早晚温差影响会变为粉色。花期6—7月。

圆锥绣球‘石灰灯’

圆锥绣球‘石灰灯’
（*H. paniculata* 'Limelight'）

花序圆锥形，长10~20cm。初花浅绿色到白色，后期受日照和早晚温差影响会变成粉色。花期6—8月。

圆锥绣球‘白玉’

圆锥绣球‘白玉’
（*H. paniculata* 'White Jade'）

花序圆锥形，长15~25cm。花二型，装饰花和非装饰花排列紧密，装饰花初时呈浅绿色到白色，后期受日照和早晚温差影响会变成粉色。花期6—8月。

圆锥绣球'香草草莓'
（*H. paniculata* 'Vanille Fraise'）

花序圆锥形，呈松散塔状，长15~25cm，全为装饰花，花小而密集。初花浅绿色到白色，后期受日照和早晚温差影响会变成粉色。花期6—8月。

圆锥绣球'福斯特'

三、乔木绣球品种

又称树状绣球、耐寒绣球。落叶大灌木或小乔木状，株高1~3m。叶片多为心形，质薄，多毛。伞房花序呈半球形或圆球形，花二型，外围为装饰花，中央为非装饰花，花色多为乳白色。花期5—6月。

乔木绣球开花株

乔木绣球花序

乔木绣球‘贝拉安娜’
（*H. arborescens* 'Annabelle'）

茎干较细弱，花期遇雨易倒伏。

花序圆球形，直径20~25cm，全为装饰花。初花淡绿色，后期渐变成白色。花期5—6月。

乔木绣球‘贝拉安娜’

乔木绣球‘无敌贝拉安娜’

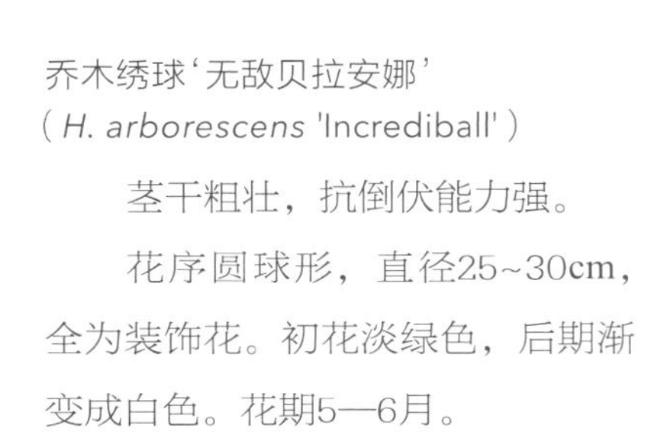

乔木绣球‘无敌贝拉安娜’
（*H. arborescens* 'Incrediball'）

茎干粗壮，抗倒伏能力强。

花序圆球形，直径25~30cm，全为装饰花。初花淡绿色，后期渐变成白色。花期5—6月。

乔木绣球'粉色贝拉安娜'
（*H. gea arborescens* 'Invincible Spirit'）

花序圆球形，直径可达20cm，全为装饰花。初花粉色，盛花期花色变深至紫红色，末期颜色稍浅。花期5—6月。

乔木绣球'粉色贝拉安娜'

四、栎叶绣球品种

落叶大灌木，株高可达1~2m。叶片掌状深裂，裂片具锯齿。大型圆锥花序，穗状斜展；花二型，装饰花和非装饰花排列紧密。花白色、绿白色、粉红色，或带红色，一般以白色居多。花期5—6月。

掌状分裂的叶片及秋色叶，使其更加美丽、独特。

栎叶绣球的叶片及开花植株

栎叶绣球‘爱丽丝’

栎叶绣球‘爱丽丝’
（*H. quercifolia* 'Alice'）

花序圆锥形，长20~30cm。花二型，装饰花单瓣型，蕾期绿色，盛开后为白色。花期5—6月。

栎叶绣球‘和声’
（*H. quercifolia* 'Harmony'）

花序圆锥形，呈不规则塔形，长可达20cm。花多而密集，全为装饰花。花复瓣型，白色。花期5—6月。

栎叶绣球‘雪花’

栎叶绣球‘和声’

栎叶绣球‘雪花’
（*H. quercifolia* 'Snowflake'）

花序圆锥形，长20~30cm，全为装饰花。花复瓣型，白色，中部浅绿色。花期5—6月。

CHAPTER 3

第三章

绣球的繁殖栽培

一、绣球的繁殖

绣球的繁殖方式包括播种、扦插、分株、压条及组织培养。生产上常用扦插繁殖及组织培养。家庭繁殖除了组织培养，以上方式都会采用，一般以扦插、压条和分株较为常用。

1. 播种繁殖

播种繁殖，又叫种子繁殖或实生繁殖，一般用于杂交育种，以及一些原生种的繁殖。栽培的绣球品种，常不能结实或极少结实，种子活力低，播种苗一般需要经过2~3年的时间才能开花。家庭繁育极少采用此法。

绣球的种子一般在秋季成熟，当蒴果失绿转褐时，即可采收。如果采集的种子不能及时播种，应冷藏保存。绣球的种子细小，呈粉末状，播种时只需均匀撒播在泥炭等基质上，保持湿润即可发芽，切忌覆盖种子。

绣球果实采收

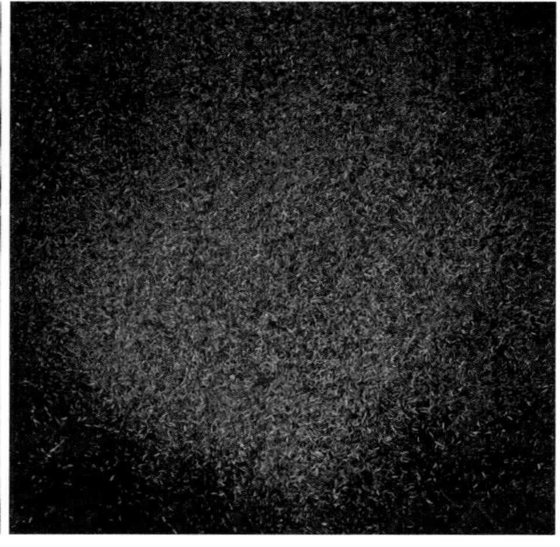

绣球种子

家庭播种可放置室内通风处，基质温度保持在20℃左右，2~4周后，种子陆续萌发。当幼苗具有1~2枚真叶时，采用 55% 遮阴，每周施1次50~100mg/kg 氮肥；当幼苗长至约 3cm 高时，移栽到穴盘中，喷雾 7~10天，使幼苗充分固定于基质中，施 100mg/kg 氮肥1次，其间，每10天左右，叶面喷施1％的水溶性平衡肥。当幼苗长到15cm 左右高时，可换入较大的栽培容器中。

绣球播种处理

绣球幼苗

绣球的人工杂交

绣球的杂交后代观测筛选

2. 扦插繁殖

绣球的种苗繁殖以扦插繁殖为主。不同种类的扦插成活率有一定差异，大叶绣球比圆锥绣球、乔木绣球和栎叶绣球扦插成活率更高。

（1）扦插时间

一般采用嫩枝扦插法，5—6月绣球的新枝半木质化时，剪取枝条作插穗，扦插后15~20天可生根。

剪取枝条

（2）扦插基质

常用的基质有泥炭、珍珠岩、蛭石、河沙等，既可以用单一基质，也可以用混合基质，生产上常用泥炭和珍珠岩混合作扦插基质。扦插前应进行基质消毒。

单一扦插基质

混合扦插基质

绣球嫩枝扦插

（3）插穗制作

选择当年生半木质化、无病虫害的健壮枝条作为插穗，随采随插。截制插穗应做到切面平滑，不伤芽，不破皮，不开裂。插穗长度3~6cm，留一对芽。插穗截制时上端距芽0.5~1cm平剪，下端斜剪，呈马耳形，保留顶端一对叶片的1/3~1/2。

绣球插穗

绣球插穗生根处理

（4）生根处理

为了提高插穗的生根率，促使生根整齐，可用ABT生根粉蘸根，也可提前将生长调节剂配制成500~600倍溶液，扦插前浸泡2~10秒。

（5）插床遮阴保湿

插穗插入苗床后需要进行遮阴和保湿。一般苗床的遮阴率以70% 为宜。扦插基质要保持湿润、透气、不积水。苗床可采用间歇式喷雾的方式保持扦插基质的湿润。

绣球扦插

绣球扦插后保湿

绣球穴盘内生根

（6）上盆移栽

扦插生根后，待根系布满穴孔，新梢展开一对完全叶时，可以上盆移栽。上盆前应提前准备好上盆的介质，介质必须浇水湿润，否则会出现倒吸水，使小苗失水萎蔫。

绣球扦插苗上盆

绣球扦插后成活情况

3. 分株繁殖

分株繁殖适合规格较大的灌木绣球种类。因带有母株的老根和须根，分株苗容易成活，非常适合家庭少量繁殖。

（1）分株时间

除了夏季高温期外，都可进行分株，尤以落叶后的休眠期为宜。分株苗具有开花早的特点，一般当年开花（早春分株）或者分株后次年夏季就能开花（秋冬季分株）。不仅如此，花期也可进行分株。

分株工具

（2）分株前的准备

清理场地。准备手套、铲子、剪刀、枝剪、锯子、喷壶、量杯或其他盛水的容器，以及多菌灵等杀菌剂和生根剂。栽培基质可结合实际，采用泥炭、珍珠岩、椰糠等混合配制。根据说明书配制好多菌灵等杀菌剂和生根剂，并对介质和工具进行杀菌处理。

杀菌剂、生根剂

盆栽绣球及小号的空盆

配好的栽培基质

（3）起苗

母株应选择至少具有5根以上枝条的绣球，若有特殊需要可以略少。盆栽苗可握住植株根颈部位，倒扣脱盆；地栽苗则可直接挖起苗株。

脱盆后的绣球植株

分株后的株丛

（4）分株及上盆

轻轻剔除根颈部位的土壤，查看枝条、脚芽情况。根据各个枝条之间的均衡发育情况，尤其是脚芽和枝条的生长关系，进行分株。原则上确保每个分株苗至少具有2根枝条，且避免伤害脚芽。

适当清除部分根系上的土壤，检查根系发育状况，剪除腐烂发褐、发黑的根，过长根以及密集缠绕的须根（盆栽苗）。将分株苗移植于事先准备好的花盆中。

（5）分株后的管理

分株后及时浇透水，置于阴凉通风处养护约一周后，可逐渐置于向阳处。

上盆的分株苗

4. 压条繁殖

压条繁殖是将母株上的枝条皮部刻伤或环割后，埋入土中，或用容器装入湿润的基质，包裹枝条刻伤部位，待生根后分离，成为一棵独立的新植株。压条繁殖简单易操作，且枝条生根前不与母株分离，成活有保障，非常适合家庭繁殖。但其生根时间较长，繁殖量少。

（1）压条时间

压条繁殖，除了高温季节，基本都可进行。秋末冬初的休眠期，可选择休眠枝；生长期，则选择健壮的半木质化枝条。

（2）压条方法

绣球可采用地面压条或高空压条。首先摘除压条部位上下节位的叶片后，在节间进行环割，确保1个以上的腋芽埋于土中。地面压条可以在地上挖一道约5cm 深的浅沟，将环割的枝条压低埋于土中并覆薄土，在土上铺设砖块或小石头，确保枝条埋于土中。高空压条则可在枝条上环割1cm 左右，用填满疏松的轻质培养土的塑料薄膜或压条盒包裹枝条，用绳扎紧，通过医用注射器注水至基质湿润，加强日常水分管理。1个月左右可生根，随后移入盆中，缓苗2周，即可进行正常管理。

压条盒内盛有混合好的基质

枝条基部皮部环割

用压条盒包裹的枝条

二、绣球的栽培

1. 容器栽培

无论是作盆栽观赏还是庭院绿化，绣球在小苗阶段都常为盆栽。

（1）上盆时间

扦插成活的小苗经过移栽上盆培养一段时间后，当根系充满基质时就可以换大一号的容器栽培了。出圃前，绣球小苗需要经过多次换盆移栽，除了夏季高温外，都可移栽换盆。

根系充满基质后就可换盆

小苗换盆

（2）栽培容器

栽培容器的规格，应与种苗相匹配（见表3-1）。1年生苗一般用1加仑（1加仑≈4.55升）的容器，小苗不宜种于大容器中，否则既不利于小苗生长，也会造成基质的浪费。

表3-1　绣球换盆时苗木规格与容器规格对照

苗木大小	容器规格
1 年生苗	1 加仑盆
2 年生苗	2 加仑盆
3 年生及以上苗	5 加仑盆

绣球容器苗

（3）栽培基质

为了保证容器苗的正常生长，栽培基质必须具有较高的养分和通透性。松鳞是种植绣球常用的基质，松鳞经发酵后呈酸性，具有良好的透气性。在生产实践中，2加仑绣球容器苗的基质推荐以泥炭50%、松鳞35%、珍珠岩15% 混合而成；2加仑以上规格的苗栽培基质为泥炭50%、松鳞40%、珍珠岩10%。

（4）营养管理

在冬季休眠期施用缓释肥 A1（氮磷钾比为17：9：11）；春季花期前施用缓释肥 A2（氮磷钾比为9：14：19）；9—11月进入秋季第二次生长期，并开始花芽分化，追施一次缓释肥 A2。缓释肥用量依据苗木大小而定，1年生苗2~5g/ 盆，2年生苗15~20g/ 盆，3年生及以上苗30~60g/ 盆。

（5）遮光防晒

大部分绣球品种喜光但不耐强光，需在保证充足日照的同时避免夏季的强光直射。5—9月为夏季强光高温季节，也是绣球生长开花最旺盛

容器苗开花前遮光

的季节，应对绣球进行遮光处理。不同种类和不同苗龄的绣球对光照的适应性差异较大。

移栽苗的遮光：扦插小苗生根后，需要进行第一次移栽。此时根系尚未健全，应采取适当的遮光处理。

绣球扦插苗、移栽苗的光照管理

容器苗花期遮光

移栽苗经过1年的培养后需要换更大的容器，为培养株型、促进开花，不同种类的苗木，所需要的遮光处理方法也有差异。

（6）水分管理

栽培期间应保持基质湿润。生长期和花期，根据气温调整浇水次数。白天气温20~25℃时，每3~4天浇水1次；25~30℃时，每2~3天浇水1次；30℃以上时，每天早晚各浇水1次。夏季天气炎热，在早晚凉爽的时间浇足水分外，还要及时采取遮阴措施。冬季落叶期，逐步减少浇水，按照见干见湿原则浇水即可（见表3–2）。

表3–2 绣球的光照和水分管理（长江中下游地区）

品种	苗龄	光照管理	水分管理
大叶绣球、圆锥绣球、乔木绣球、栎叶绣球	1 年生	扦插小苗生根后，移栽后第一周晴天遮光 65%；缓苗后根据气温调整遮光时间，30℃以上全天遮光，25 ~ 30℃在 10:00—14:00 遮光 65%，≤ 25℃无需遮光。	春季每 2~3 天浇水 1 次，夏季高温（ > 30℃ ）期每天早晚浇透水各一次；秋季每隔 3 ~ 5 天浇透水 1 ~ 2 次；冬季见干见湿
大叶绣球、圆锥绣球、乔木绣球、栎叶绣球	2 年生	大叶绣球、乔木绣球、栎叶绣球夏季 10：00—15：00 遮光 65%；圆锥绣球全光照	春季每 2~3 天浇水 1 次，夏季高温(> 30℃)每天浇透水 1 次；秋季每隔 3 ~ 5 天浇透水 1 ~ 2 次；冬季少浇水，视基质干湿情况而定
大叶绣球、圆锥绣球、乔木绣球、栎叶绣球	3 年生及以上	全光照	春季每 2~3 天浇水 1 次，夏季高温（ > 30℃ ）每天浇透水 1 次；秋季每隔 3 ~ 5 天浇透水 1 ~ 2 次；冬季少浇水，视基质干湿情况而定

2. 绿化种植

（1）场地选择

大叶绣球和栎叶绣球的大多数品种喜光怕晒，25%~50% 的遮光率有利于绣球的生长，尽量选择半阴的种植点定植。全光照种植时，一定要注意品种对光照的适应性，要选择耐晒的品种，如‘玛蒂尔德’‘花手鞠’等。

（2）场地整理

绣球生长快，水分消耗量大，既需要保证充足的水分，又要防止积水烂根。因此，地栽绣球需要湿润和透气良好的土壤。种植前深翻土壤，加入泥炭或腐熟的枯枝落叶粉碎物。

平整场地

深翻土壤

土壤中加树枝粉碎物进行改良

土壤中加沙进行改良

绣球生长旺盛、开花繁茂，对土壤肥力的要求较高，种植前应补充有机肥作基肥。土壤 pH 值对部分绣球的花色影响较大。可根据开花颜色的需要，调整土壤的 pH 值，酸性土壤有利于蓝色的呈现，微碱性土壤有利于红色的呈现。

（3）苗木准备

优先选择优质容器苗。容器苗的根系完整，成活率高，可随时种植。选择地栽苗时，要在12月落叶后至次年3月发芽前移栽。

（4）种植操作

绣球种植的操作过程为定点放线 → 挖种植穴 → 栽植培土 → 整形修剪 → 垃圾清理 → 浇水 → 地面覆盖。

露地定植前，应按设计方案定点放线，孤植或丛植要确定好每一株的种植点，片植要确定种植的范围和株行距，再用滑石粉标示种植点。

按照定植点开挖种植穴，种植穴的直径应比根系直径大4~5cm，深度比苗木土球高5~6cm 为宜。种植穴的底部应平坦，不宜呈尖底或锅底状。

定点放线

放入苗木根球前，在种植穴底部垫入5~6cm厚的肥沃土，然后填入壤土并压实。苗木种植切忌过深，根球宜略高于地表。

完成种植培土后，对地上部分进行修剪。修剪时以剪除病残枝为主，也可结合整形要求进行枝条疏剪和短截。

栽植结束后及时清理垃圾，将破损容器、修剪的枝条等收集带走。

完成垃圾清理后立即浇透水，为新植苗木营造湿润的根际环境，防止根系水分被吸干。

为了避免露土，可利用枯枝落叶粉碎物进行地表覆盖，增加地面的装饰效果，同时保持土壤湿润，防止水土流失和雨水滴溅污染叶面。

种植培土

种植后覆盖有机覆盖物

三、绣球的调色

绣球花色各异，梦幻而多彩，有纯洁的白色、高贵的紫色、迷人的蓝色、浪漫的粉色。闷热的夏日因绣球花而变得绚丽多彩，令人心旷神怡。

绣球能否变色及变色程度主要取决于绣球中飞燕草素的含量、土壤的酸碱度和土壤中铝离子的含量。飞燕草素与铝离子结合会形成变色现象，而土壤酸碱度则决定了铝离子以何种形态存在。当土壤为酸性时，铝离子以游离态存在，土壤越酸，游离态铝离子越容易被植物吸收，富集到绣球上与飞燕草素结合形成变色；土壤呈中性或碱性时，铝离子以固态氢氧化铝的形式存在，无法被绣球吸收利用，无法变色。因此，在一般情况下，大多数大叶绣球品种中具有飞燕草素，土壤中也存在一定量的铝离子，当土壤或其他栽培基质偏酸性时，绣球花呈现蓝紫色，偏碱性时呈现粉红色。

1. 品种选择

乔木绣球、圆锥绣球、栎叶绣球等因不具有飞燕草素，所以无法调色。除白色品种不具有飞燕草素，无法调色外，绝大多数大叶绣球品种均可进行不同程度的调色，如‘玫瑰女王’‘妖精之吻’‘腔调’等粉色品种可调成蓝色或浅紫色，‘魔幻红宝石’‘花火’‘戴安娜王妃’等红色品种可调成紫色或深红色，并随着酸度降低，调色程度越深。

2. 调蓝

要使绣球的颜色偏蓝，首先需要保证土壤的酸性。适合绣球生长的酸性土壤 pH 值为4.5~5.5。可以选择富含腐殖质的泥炭土或者松木砂来作为栽培介质。如果土壤的 pH 值过高，可以使用硫酸铵或硫黄来降低其 pH 值。通常，每平方米土壤添加约50g 硫酸铵或约70g 硫黄可以降低1个 pH 值。其次是增加土壤中的铝离子含量，在绣球3~5枚叶片完全展开后，即可添加含铝的化肥来增加土壤中的铝离子含量，如每周施1次0.5% 的硫酸铝溶液，至开花后停用。

绣球花调蓝

‘花手鞠’调蓝

需要注意，不同的绣球品种对土壤酸碱度和铝离子含量的需求可能不同。在给绣球调蓝之前，需要先确定所养品种是否可以调蓝，并严格按照该品种的调蓝方法进行操作，以免做无用功，同时应注意水的 pH 值不高于6。

3. 调粉

2月中旬发芽前，将适量石灰粉撒在基质表面，将基质 pH 值调至6～6.2，注意 pH 值不得高于6.4，过高的 pH 值不利于绣球健康生长。

‘花手鞠’调粉

‘无尽夏’调渐变色

4. 调渐变色

待绣球初次开花，开出粉色花后才开始施用硫酸铝溶液，方法同调蓝。

总之，为了易于操作，确保花色调控更有效，也可购买专用绣球花调色剂（控释硫酸铝）。不过，绣球的花色不仅受到基质酸碱度的影响，还会受到光照等多因素的影响。调色结果常常会不尽如人意。

CHAPTER 4

第　四　章

绣球的养护技巧

绣球的生长环境不同，所采用的栽培养护措施也不同。地栽绣球的养护管理工作主要包括浇水、施肥、修剪、病虫害防治、防寒、防风等。盆栽绣球的养护管理除以上几项，还包括换盆、遮阴、降温等。

一、浇水

绣球枝叶含水量高，叶片宽大肥厚，水分蒸腾快，对水分的需求量大，应经常浇水，保持土壤湿润。但是，绣球不耐积水，土壤过湿会导致烂根。应根据天气情况和不同生长时期绣球对水分的需求特点进行合理浇水（见表4-1）。

1. 水量控制

不同季节的浇水频率主要根据气温确定，雨水频繁可少浇或不浇。

表4-1　长江流域露地栽培绣球的水分管理措施

时期	月份	温度	浇水频率
发芽期	3月至4月上旬	最高气温15~20℃	每5~7天浇水1次
营养生长期和初花期	4月中旬至5月上旬	最高气温20~25℃	每3~5天浇水1次
盛花期	5月中旬至6月上旬	最高气温25~30℃	每2~3天浇水1次
末花期和高温季	6月下旬至8月下旬	最高气温>30℃	每天浇水1次
秋季营养生长期	9月上旬	最高气温>30℃	每天浇水1次
	9月中旬至9月下旬	最高气温25~30℃	每2~3天浇水1次
秋季花芽分化期	10月	最高气温20~25℃	每3~5天浇水1次
	11月	最高气温10~20℃	每5~7天浇水1次
落叶期	12月至次年2月	最高气温0~15℃	按照“见干见湿”原则浇水

2. 浇水时间

生长季节浇水安排在上午日出后或下午日落前进行，以便浇水后叶片快速风干。避免晚上浇水，否则易造成叶面积水滋生病菌。

3. 排水排涝

夏季暴雨后，加强巡视检查，防止土壤积水，及时排除积水，以防烂根。

绣球的养护管理

长期积水导致绣球根部受害腐烂

二、施肥

绣球生长快，花量大，花期集中，对矿质养分需求量大。肥力不足会造成植株矮小、叶片发黄、花量少、花朵小。

1. 施肥时间

绣球的施肥管理包括三个主要时期：生长旺盛期（4—6月）、花芽分化期（10—11月）及休眠期（12月至次年2月），可针对三个时期对矿质营养的需求差异制订合理的施肥措施。

2. 施肥种类

4月萌芽后，在生长旺盛期到来前，施用缓释肥——氮、磷、钾比为9:14:19。9月底花芽分化前施用缓释肥——氮、磷、钾比为9:14:19。12月落叶后进入休眠期时施用缓释肥——氮、磷、钾比为17:9:11（见表4–2）。

3. 施肥量

容器苗可根据苗龄大小或容器规格确定施肥量，生产上常用缓释肥的用量一般为1年生苗3 ~ 5 g，2年生苗15 ~ 20 g，3年生及以上苗 30 ~ 60 g。

表4–2 绣球不同生长阶段施用氮、磷、钾肥的比例

<table>
<tr><th>绣球生长阶段</th><th>1月</th><th>2月</th><th>3月</th><th>4月</th><th>5月</th><th>6月</th><th>7月</th><th>8月</th><th>9月</th><th>10月</th><th>11月</th><th>12月</th></tr>
<tr><td>生长旺盛期</td><td></td><td></td><td></td><td colspan="3">9:14:19</td><td></td><td></td><td></td><td></td><td></td><td></td></tr>
<tr><td>花芽分化期</td><td></td><td></td><td></td><td></td><td></td><td></td><td colspan="3">9:14:19</td><td></td><td></td><td></td></tr>
<tr><td>休眠期</td><td colspan="2">17:9:11</td><td></td><td></td><td></td><td></td><td></td><td></td><td></td><td></td><td></td><td>17:9:11</td></tr>
</table>

4. 平衡施肥

平衡施肥法可兼顾绣球不同生长阶段营养生长、花芽分化和开花对矿质营养的需求，简化施肥操作，施肥用量可以依据根际层介质的用量测算，参考的标准为氮1.27kg /m^3、磷 0.15kg /m^3、钾 1.62kg / m^3。

三、修剪

合理的修剪对于保证绣球的正常开花和维持株型尤为关键，不合理的修剪常常导致绣球不开花或株型混乱。

1. 了解开花习性

掌握正确的修剪方法前需要了解绣球的开花习性，多数大叶绣球和栎叶绣球为老枝开花，而圆锥绣球、乔木绣球则是在当年生枝条上开花。

2. 修剪时间

为了避免花后营养消耗和破坏花芽，应在花凋谢后及时修剪残余花序（见表4–3）。

表4–3　绣球的开花习性和修剪时间（长江中下游地区）

种类	开花习性	修剪时间
大叶绣球	老枝开花	花后立即修剪
圆锥绣球	新枝开花	在冬季或早春进行修剪
乔木绣球	新枝开花	在冬季或早春进行修剪
栎叶绣球	老枝开花	花后立即修剪

（1）花后修剪

5月开始，绣球陆续进入花期，一些花店售卖的经过催花的商品绣球，花期会更早。花凋谢后均应及时修剪，以保持植株长势，确保次年正常开花。

一般在花序第二个节以下，有花芽的枝条上方进行修剪。保留枝条顶节上的腋芽次年发育成花枝。及时修剪可保持植株的健康生长。

开花较晚的植株只需及时剪掉花序，确保花芽形成和次年开花。

花后修剪可持续到9月，如开花较晚的圆锥绣球。花后应及时剪除花序。

（2）落叶后修剪

每年11月，绣球进入落叶期，可剪除衰老枝、干枯枝、内膛枝、病虫枝等，以调整株型、均衡营养分配、清除病虫害。

12月花芽分化基本结束，修剪时切记不要将顶梢的花芽剪掉，否则次年不能开花。此时只剪除徒长枝和内膛枝即可。

次年1—3月，绣球处于休眠期，修剪时应注意整理杂乱交叉的枝条。

3. 修剪位置

正确的修剪位置对于老枝开花的品种非常重要。老枝开花的品种，次年花芽一般在花序下方第二节或第三节的叶腋形成，花后初次修剪时可剪除此节以上部分。

花后修剪的剪口位置

4. 修剪方法

根据栽培的目标，可以分为“扩大冠幅的多花修剪法”和“维持冠幅的大花修剪法”两种常用的方法，不同开花习性的绣球采用的修剪方法也不同（见表4-4）。

表4-4　园林应用中的绣球修剪方法

开花特性	目的	修剪方法	次年效果
新枝开花 老枝开花	扩大冠幅、多花序	花后进行中度修剪，并去除枯枝、细弱枝和老枝	冠幅增大一倍以上，花量大，花序较小
新枝开花	维持冠幅、大型花序	10—11月进行重度修剪	冠幅基本不变，基部萌蘖枝顶芽开花为主，花序大，花量较少
老枝开花	维持冠幅、大型花序	6月和9月在合适的气温下进行一次重度修剪。修剪应在最高温度不超过35℃时进行，以连续阴雨天为宜	冠幅基本不变，基部萌蘖枝顶芽开花为主，花序大，花量较少

（1）扩大冠幅的多花修剪法

新枝开花品种仅在花后进行一次中度修剪，去除枯枝、细弱枝和老枝。老枝开花品种在花后进行轻度修剪，剪除花序下第二节或第三节上部的枝条，去除枯枝、细弱枝和老枝，并于7—10月进行第二次修剪，采用中度修剪方法，将植株的冠幅调整到适当大小，修剪时务必注意保留花芽。

采用扩大冠幅的多花修剪法修剪前后对比

（2）维持冠幅的大花修剪法

新枝开花品种在10—11月进行重度修剪。老枝开花品种在6—9月根据合适的气温进行一次重度修剪，重度修剪应在最高温度不超过35℃时进行。

采用维持冠幅的大花修剪法修剪前后对比

四、病虫害防治

绣球枝叶含水量高，容易滋生病虫害，需要根据病虫害的发生原因和发生规律提前采取防治措施。一旦发现病虫害应及时剪除病虫枝，防止病源扩散，同时喷洒药剂消灭病源。

1. 病害防治

（1）叶斑病

主要危害部位为叶片。初生病斑为暗绿色的水渍状小点，后逐渐扩大，可达数厘米，近圆形或不规则形。后期病斑暗褐色，中心部分灰白色，边缘紫褐色或者近于黑褐色。

【病原】真菌，以半知菌类绣球叶点霉为主，其他还有尾孢菌、棒孢菌、壳针孢菌。

【发病规律】病原菌在被害叶片上越冬，次年春季温湿度条件适宜时，产生大量分生孢子随风雨传播，侵染叶片。梅雨季节发病严重。

【防治措施】冬季结合修剪清除枯枝落叶。生长季及时剪除病叶并销毁。加强肥水管理，注意排水和通风换气，促进植株生长健壮，提高抗病力。

发病初期喷洒65% 代森锌可湿性粉剂 500倍液或波尔多液，每10天喷1次，连喷2~3次。

（2）炭疽病

主要危害叶片和花。初期在叶片上产生针头大小的红色小点，后扩展为直径1~10mm 的圆形或近圆形病斑，病斑中央淡褐色或灰白色，具轮纹。后期在病斑上产生许多小黑点，花瓣被侵染后，产生褐色小圆斑。

【病原】真菌，半知菌类绣球刺盘孢（*Colletotrichum hydrabgeae* Saw），属半知菌亚门腔孢纲黑盘孢目刺盘孢属。

【发病规律】病菌在病叶中越冬。次年5—6月开始发病。病菌主要借助风雨传播，多从伤口侵染危害。生长季可重复侵染多次，以6—9月发生较重。高湿利于病害发生。发病植株衰弱、黄化。

【防治措施】加强栽培管理，注意补充肥水；及时清除病叶并烧毁，减少侵染源。发病季节每10 天喷洒500~1000倍多菌灵、甲基硫菌灵或阿米妙收等。

感染炭疽病的绣球叶片及植株

感染茎腐病的绣球基生枝

（3）茎腐病

茎腐病是危害绣球基生枝的一种病害。一般发生在新梢上，先从新梢向阳面距地面较近处出现一条暗灰色似烫伤状的病斑，长1.5～5.5cm，宽0.6～1.2cm。

主要危害花芽、花序及叶片。南方雨季露地栽培的密集花簇上、嫩芽及花瓣上均可出现水渍状褐斑，有时长出灰色霉层，造成芽枯，湿度大的棚室有时更加严重。叶片染病后，在叶缘附近产生近圆形水渍状或湿腐状略具轮纹的灰褐色斑。

【病原】半知菌亚门丝孢纲丝孢目葡萄孢菌（*Botrytis cinerea*）。

【发病规律】病菌在病株残体上越冬，次年春季产生分生孢子，借风雨传播侵染植株。分生孢子在生长季节，可重复侵染寄主。

【防治措施】减少侵染来源，彻底清除病残体，集中销毁。温室要加强通风，降低湿度，增加光照，以控制病菌侵染。进入发病季节，使用10%多抗霉素800倍液喷雾进行防治。

（4）白粉病

主要危害叶片，严重时可侵染茎枝。发病初期，叶片表面出现零星的白色粉状小斑块、浅黄褐色斑块或水渍状小点，后扩展成圆形、近圆形，直径2～5mm，最大可达15mm。随着病害的发展，叶片像涂了一层白粉。幼叶受害严重时，生长停止；老叶受害后，叶色变浅，逐渐枯死，嫩茎有时也可受害。

感染白粉病的绣球叶片

【病原】白粉病菌（*Microsphaera alnisalmon*）。

【发病规律】病菌的菌丝体或分生孢子在病株残体上越冬，早春分生孢子借助风雨传播，生长季节可发生多次重复侵染。春季4—5月，秋季9—10月发生较为普遍。气温高，湿度大，发病严重。另外，种植过密、通风不良或施用氮肥过多，都有利于此病发生。

【防治措施】选择排水良好的地段栽植，不宜过密，以利通风透光。生长旺盛时期不宜多施氮肥，应施平衡性肥料或磷钾肥。秋后及时拔除病株，集中销毁，减少传染源。发病初期使用30%嘧菌酯2000倍液、碧来1000倍液和朵艾1000倍液喷雾防治。白粉病易产生抗性，防治时轮换使用不同作用机制的药剂，可提高疗效。

（5）黄化病

主要从危害植株的上部新叶开始。前期叶片开始褪绿变黄，为典型的脉间失绿，但叶脉仍为绿色。随病情的恶化，黄化面积开始扩散至整个植株，叶片整片开始由褪绿偏黄加重至白化。有的叶片甚至出现叶尖焦枯、卷曲。

【病原】生理病害，缺铁。

缺铁黄化的绣球叶片

【发病规律】一般生长于碱性土壤，长期浇地下水、栽种于保水保肥性差的沙性土壤以及排水不良的黏重土壤中的植株发病严重。土壤偏碱性等因素，都会极大影响绣球对营养元素的吸收，导致出现大面积黄化。绣球的叶片黄化后，植株整体的抗病害能力也会降低。

【防治措施】病株叶面喷洒硫酸亚铁水溶液或根施有机铁肥。加强栽培养护管理，结合土壤改良措施调节pH值和补充螯合态的铁等，提高绣球对铁的吸收运转能力，促进植株健壮生长。

（6）灰霉病（芽枯病）

主要危害花芽、花序及叶片。南方雨季露地栽培的密集花簇、嫩芽及花瓣上均可出现黑白色水渍状斑块，组织软化至腐烂，有时长出灰色霉层，造成芽枯，高湿时发病更加严重。多在叶柄基部初生不规则水浸斑，迅速变软腐烂，直至病苗腐烂枯死。叶片染病后，在叶缘附近产生近圆形水渍状或湿腐状略具轮纹的灰褐色斑。

【病原】半知菌亚门丝孢纲丝孢目葡萄孢菌（*Botrytis cinerea*）。

【发病规律】病原菌以菌核在土壤或病株残体上越冬。次年春季产生分生孢子，借风雨传播侵染植株。分生孢子在生长季可重复侵染寄主。空气相对湿度大于90%时易发病。种植密度过大、徒长、遇连日阴雨，都会加重病情。

【防治措施】冬季绣球休眠期，及时清理落叶，集中销毁，彻底清除病残体。温室要加强通风，降低湿度，增加光照，以控制病菌侵染。进入发病季节，增加环境通风透光性、控制浇水频率，及时清理感染的叶片，使用10%多抗霉素800倍液全株喷施防治。

（7）绣球环斑病

常见的绣球病毒性侵染疫病。受害植株叶片皱缩，茎部有时出现坏死斑点；病重者矮化，少花或无花，老叶出现褐色环斑。

【病原】绣球环斑病病毒。

【防治措施】选择疏松、肥沃、排水良好的土壤，用无病母株繁殖，或进行热处理。发现病株及时处理，入冬后清除落叶残体，集中深埋。不得随意抛弃。

2. 虫害防治

（1）蚜虫

属同翅目蚜总科，危害绣球的主要种类有绣线菊蚜（*Aphis citricola* van der Goot）、棉蚜（*Aphis gossypii* Glover）。

【危害特征】主要危害绣球的嫩叶和芽，使叶片变黄、不规则卷缩变形，植株生长不良及枝叶枯萎。

绣线菊蚜

棉蚜

【发生时间】一年可发生20代，以卵越冬，次年春季3—4月卵孵化，10月交配后产卵。

【防治措施】早春提前喷施50%蚜松乳1000～1500倍液或1.8%阿维菌素3000～5000倍液防治，发病时喷施50%抗蚜威可湿性粉剂1500～2000倍液防治。

（2）介壳虫

属同翅目蚧总科，危害绣球的种类有吹绵蚧（*Icerya purchasi* Maskell）、红蜡蚧（*Ceroplastes rubens* Maskell）、日本龟蜡蚧（*Ceroplastes japonicus* Green）等。

【危害特征】主要危害绣球幼嫩的茎叶，使叶色发黄、茎枝干枯。成群寄生于叶片，吸取汁液，造成植株盲芽，分泌的蜜露易引发霉污病。

日本龟蜡蚧

【发生时间】不同种类发生的世代数和危害盛期不同。吹绵蚧一年可发生多代，危害盛期为5—6月和8—9月；红蜡蚧一年发生一代，危害盛期为7—8月；日本龟蜡蚧一年发生一代，危害盛期为5—6月。

【防治措施】药剂防治时，最好在若虫孵化期喷施80%敌敌畏1000倍液或50%杀螟松乳油1000倍液。

日本龟蜡蚧分泌的蜜露

（3）花蓟马

花蓟马是缨翅目昆虫的统称，大多为植食性害虫，吸食植物幼嫩组织汁液。其中，花蓟马（*Frankliniella intonsa* Trybom）为代表性种类，又名台湾蓟马。

【危害特征】一般危害叶心、嫩芽及幼嫩叶片，也危害茎秆。它利用锉吸式口器吮吸汁液，使绣球新叶不能正常展开，嫩芽、嫩叶卷缩，严重时叶片会向上翻卷，叶片变小，严重影响绣球正常生长。

【发生时间】适宜条件下可终年发生，世代重叠，每代历时15～ 30天。高温、干旱有利于虫害大范围发生。

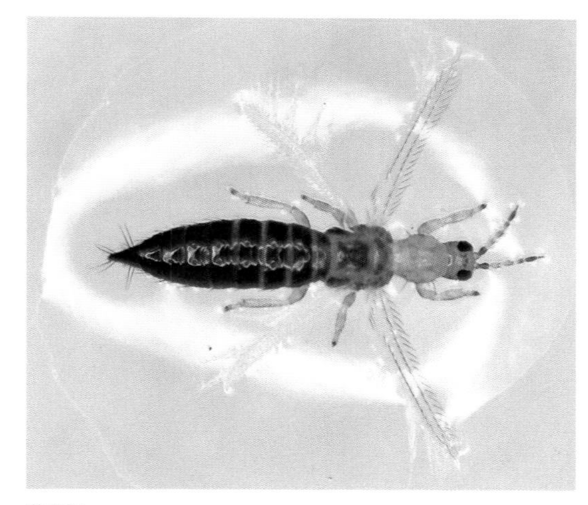

花蓟马

【防治措施】可用2.5%多杀霉素1500倍液喷雾防治。

（4）温室白粉虱

温室白粉虱（*Trialeurodes vaporariorum* Westwoo），属同翅目粉虱科，是我国设施花卉重要的害虫之一。

【危害特征】危害绣球的嫩叶和芽，虫体聚集于嫩叶和芽上吸食汁液，被害叶片褪绿、变黄、萎蔫，甚至全株枯死。同时，其会分泌大量蜜液，常引起煤污病的大范围发生。

【发生时间】一年发生多代，世代重叠，室外不能越冬，冬季在温室内为害。

【防治措施】清晨或傍晚使用30%啶虫脒1000倍液或10%吡虫啉2000倍液等低毒杀虫剂喷雾防治。

（5）绿盲蝽

绿盲蝽（*Lygocoris lucorum* Meyer–Dür），属半翅目盲蝽科，为刺吸式害虫，以刺吸式口器吸取植物汁液，致使植物枝叶枯萎。其分泌物会污染叶片，诱发煤污病，同时也是病毒的传播媒介。

【危害特征】生长点被啃食，周边叶柄基部出现褐色斑点。

【发生时间】3—9月发生，6月为危害盛期。

【防治措施】使用氯氰菊酯或辛硫磷1000～1500倍液混合后喷雾防治，间隔3～5天一次。

绿盲蝽成虫

（6）螨类

属蛛形纲蜱螨目，多为刺吸式害虫，朱砂叶螨[*Tetranychus cinnabarinus* (Boisduval)]为代表性种类，俗称红蜘蛛，是叶螨科的常见种类，可危害绣球、菊花、月季、牡丹等百余种植物。

【危害特征】受害叶片上初出现黄白色小斑点，后逐渐扩展到全叶，造成叶片卷曲，枯黄脱落。

【发生时间】春季开始为害与繁殖，10月越冬。7—8月高温少雨时，易爆发成灾。

朱砂叶螨

【防治措施】使用1.8%爱福丁（齐螨素）1500倍液喷雾防治。

铜绿丽金龟子

蛴螬

（7）蛴螬类

鞘翅目、金龟子总科幼虫的统称，以铜绿丽金龟子（*Anomala corpulenta* Motsch）为代表性种类。主要取食植物的根系和根颈部位，并可进一步诱发根腐病等病害。

【危害特征】啃食根系，直接造成根系损伤。

【发生时间】一年发生一代，以幼虫在土中越冬。

【防治措施】每亩使用50%辛硫磷乳油200～250g，也可结合培土撒入颗粒辛硫磷。

CHAPTER 5

第　五　章

绣球的搭配与应用

绣球为世界著名观赏植物，花大色艳，花形美观，深受人们喜爱，不仅可以用于园林绿化，也常作盆栽观赏，还可用于切花瓶插或花艺创作，甚至可以作为压花和干花材料。

一、盆花栽培

大叶绣球植株低矮，株型紧凑，品种丰富，花大色艳，耐阴性又强，是非常适合作盆花的绣球品类。作盆栽观赏时，可选分枝多、易成型，花头硕大、饱满，花色、花形富有变化，开花时花头伸出叶丛的品种。常用品种有‘无尽夏’‘花手鞠’‘蒂沃利’‘法国小姐’‘梦幻蓝’等。

爆花的绣球小盆栽

1. 室内盆栽

盆栽绣球，开花时放置于室内观赏是最常采用的观赏方式。室内观赏时，可根据摆放的位置选择不同体量的品种。体量大的品种可放置于大堂、门厅、过道、露台等宽敞处；体量小的品种可放在窗台、餐桌或茶几等空间小的地方。

室内盆栽观赏的绣球花

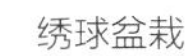

绣球盆栽

绣球与其他植物的组合盆栽

2. 室外盆栽

相较于室内，绣球盆栽室外应用更多。由于盆栽花卉养护灵活，易于组景，因此无论是单独摆放观赏，还是与其他植物组合搭配，都较易达到最佳的景观效果。常常用于主题景观、临时花坛，以及一般的公共场所或家庭小庭院栽培。

室外盆栽观赏的绣球

绣球棒棒糖造型制作

以绣球为主要花材的主题景观

主题景观——绣球株型优美，花繁叶茂，色彩艳丽，常作为主要花材与其他观赏植物搭配组景，布置成绣球主题景观。

以绣球为主要花材的主题景观

临时花坛——绣球品种繁多，株丛紧凑，开花繁茂，花色丰富，可利用不同花色的品种摆放成各种图案作为临时花坛观赏。临时花坛常采用盆花或容器苗。

地栽绣球布置的临时花坛

盆栽绣球布置的临时花坛

绣球组成的临时花坛

二、园林绿化

绣球开花时正值少花的夏季，因此，不仅广泛应用于私家庭院，也大量应用于各类公共园林绿地中。

园林绿化是绣球最主要的应用途径。园林绿化中苗木需求量大，品种丰富度要求也高。

公园中成片种植的绣球

栽植形式上常采用群植、丛植、对植或孤植。群植在林缘时，常采用大叶绣球品种，适用于花海、专类花园等较大型场景。其他三种栽植形式，应用上则更灵活，花坛、花境、花带、小庭院中等都会采用，景观搭配上几乎适合各种园林或建筑小品。也可选用乔木绣球、栎叶绣球等体量大的品种。

花海——可选1~2个花色艳丽、开花繁茂、花多叶少的绣球品种，进行大规模成片种植，以观赏其开花时形成的壮观效果。

辰山植物园林缘片植的绣球

林下片植的绣球花海

专类花园——可收集不同株高、不同体量、不同花色、不同花形、不同花径的品种集中种植于一处，形成绣球专类园，以观赏丰富多样的绣球品种以及色彩缤纷的群体效果。

花坛中布置不同品种形成的绣球花园

林下布置不同品种形成的绣球花园

孤植——选择株型高大、开花繁茂的单个品种单株成丛或多株密植成丛，植于建筑入口、花坛中央、墙角、草坪边或花境中，既可以观赏单朵花，也可以观赏整丛盛花的花姿。

对植——在台阶旁、建筑入口和道路两侧可选择花色相同或相近的品种对植，起到强调或引导的作用。

单品种多株密植成丛的绣球

花园入口处对植的绣球花丛

单株成丛植于墙角的绣球

丛植—— 选择花期一致，花色、花形不同的品种，按照三五成丛、疏密有致的原则布置于林缘、道旁、树下、水边或建筑前，开花时形成高低错落、色彩缤纷的群体效果。

大树下单个绣球品种丛植的景观

建筑前两个绣球品种单株丛植的景观

两个绣球品种多株丛植在花坛中

多品种绣球密植成丛

花带——选择1~2个株型低矮、花头繁密、花色艳丽、花期集中的绣球品种，按照设计的图案或纹样带状种植，开花时形成带状花坛的效果。

单绣球品种多株花坛中丛植

林下步道两旁对植绣球作花篱

花篱——选择株丛紧密、开花繁茂、耐修剪的绣球品种，沿道路两侧、草坪边缘或围墙边、建筑前作条带状的规则式种植，开花时形成花篱的效果。

其他配置——绣球也可与步石、花坛、山石、台阶、建筑、水景等配植，作为点缀或重点展示。

绣球与步石小径搭配

绣球与花坛廊架搭配

绣球与石砌景墙搭配

绣球与步石台阶搭配

绣球与建筑搭配

三、花艺应用

绣球中有许多品种花色丰富、花形美观，适合作切花，是花艺创作中重要的花材，其中大部分为大花头、抗性较好的大叶绣球品种。

1. 插花

插花是最亲民、最简单、易操作的一种花艺形式，鲜切花和干花都适用。只要准备花材和一个美观的容器即可，可放置在办公桌、餐桌、书桌上。

绣球的花头硕大，花形规整，色彩醒目，开花时剪下花枝作为插花材料，插入容器中置于室内观赏，简洁又美观。

家庭或办公室案头摆放绣球瓶花

绣球作主材的古典插花作品

绣球主题花展上的插花作品

绣球插花

绣球插花（纯绣球花）

绣球插花布置的小景

2. 花束和捧花

常采用鲜切花。制作简单，但不易长期保存。

花束——绣球的花头饱满、圆润，非常适合作花束，单独一枝就可作为一束捧花，也可以用几枝不同花色的花枝制作一个大的花束。

绣球切花的花枝

销售中的切花绣球

一枝花枝制作的捧花

不同花色的花枝制作的捧花

3. 花艺小品

绣球花大色艳，是重要的花艺材料，常作为主要花材与其他花材配合创作各种花艺作品。

绣球装饰的花艺小品

绣球装饰的花艺小品

4. 永生花

永生花是将鲜花经过脱水、烘干、染色等一系列复杂工序加工而成的干花，也被称为“永不凋谢的鲜花”。常见的永生花种类有玫瑰、绣球、蝴蝶兰等，其色泽、形状等和鲜花没有差别。永生花是绣球深加工的主要产品，包括干花和压花两种形式。

干花——除了作为鲜切花花材，绣球的花枝还可以在干燥后作为干花花材。通过染色可制成各种颜色的干花。

绣球花枝染色

经染色处理的乔木绣球干花

绣球花枝染色后制成的干花

绣球染色后制成的干花

压花——以通过物理和化学方法压制好的平面植物花材为创作基本材料，依其形态、色彩和质感，设计制作成具有观赏性和实用性的植物制品的造型艺术。压花花材采用的是绣球不育花的花萼，花萼结构简单，平面形态好，厚薄适中，大小适宜且花色丰富，压制干燥易保持本色，是压花艺术创作中使用最多的花材之一，可于花期采集压制，干燥后用于制作压花作品。可用不同品种、不同颜色的绣球展现错落有致的景观，如可利用深浅不同的蓝色绣球表现压花作品中的天空或海洋。

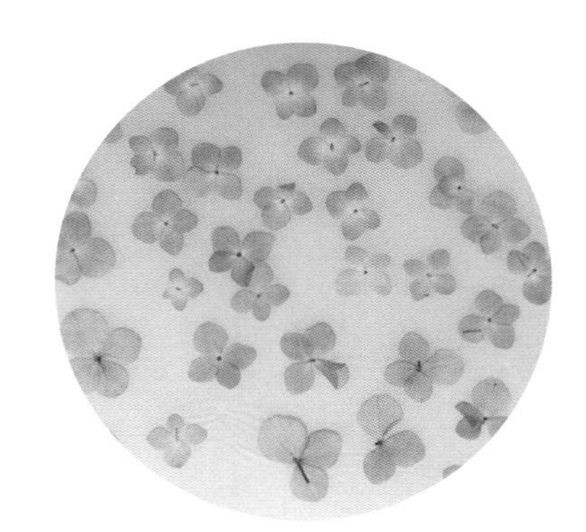

压制的绣球花瓣

绣球干花制作

绣球手作

绣球与海棠的压花作品

四、主题花展

通过打造不同主题，展示花卉新优品种及其相关应用与展示形式的展会，传播花文化，扮靓城市景观。近十年来，绣球花展如雨后春笋般在全国发展开来，呈现了美丽多姿的绣球品种及其花艺应用和景观，供游客近距离观赏。

从地域上来看，绣球花展主要集中在华东地区和中西部的一二线城市。其中，华东地区又以苏浙沪为最。上海最具代表性的当属上海辰山植物园和上海共青森林公园每年一次的八仙花展。辰山植物园自2016年举办首届八仙花主题秀开始，便将八仙花

上海辰山植物园的八仙花主题秀

展作为仲夏花展中的一个重要主题展，重点展示新优绣球花品种及其应用形式。

上海共青森林公园的八仙花主题园2017年建成，随后每年举办一次八仙花展。其间，为了满足游客需求，还在园区内开辟了新八仙花花园。

上海共青森林公园的八仙花主题园

江苏的绣球花展同样热闹非凡。2013年虹越在无锡举办的第一届绣球花展是国内最早的绣球主题花展。2023年，在“中国花木之乡”江苏沭阳举办了“‘绣’丽花乡 美满沭阳”的首届中国绣球花展暨全国绣球花产学研合作创新学术研讨会。

江苏沭阳首届中国绣球花展

此外，还有2022年在南京江宁区秣陵街道白露田园举办的“绣美江宁 梦寐以球”绣球花节暨绣球花精品展；镇江北固山景区举办的“锦绣芳华”绣球花展。

浙江的绣球主题展更是盛况空前，做足品种和文化展示与宣传。最具代表性的杭州西湖风景名胜区一年一度的八仙花主题展，自2013年开始，至今已举办了9届。

吴山城隍阁“迎亚运，紫阳记忆”第九届八仙花主题展

其次，桐乡也连续举办了4届绣球花主题展。2023年，在宁波园林博物馆以及海宁国际花卉城举办的世界花园大会中都有绣球花展。

“风雅游你 · 花花集市”2023年桐乡市第四届绣球花展

当然，近些年在长沙、昆明、重庆、西安等我国中西部城市，绣球主题花展一样精彩纷呈。

诸如，昆明阳宗海南岸的南国山花庄园的美丽绣球花海。夏季绣球开满整个山头，犹如一幅精美的画卷，助推美丽乡村建设。

昆明阳宗海南国山花庄园的美丽绣球花海

主要参考文献

[1]中国科学院中国植物志编辑委员会．中国植物志(第三十五卷第一分册)[M]. 北京：科学出版社，1995：201–258.

[2]Wu Z Y, Raven P H. Flora of China(vol. 8)[M]. Beijing: Science Press, St. Louis: Missouri Botanical Garden Press, 2001.

[3]赵冰，张冬林，李厚华.中国八仙花[M]. 北京：中国林业出版社，2016.

[4]张梅，杨加文，龙成昌，等．绣球属(*Hydrangea* L.)植物分子系统学及系统发育分析[J]. 西北植物学报，2021，41(2)：0242–0253.

[5]葛丽萍. 绣球族的系统学研究[D]. 北京：中国科学院植物研究所，2003.

[6]卫兆芬. 中国绣球属植物的修订[J]. 广西植物，1994，14(2)：101–121.

[7]江胜德．中国商品绣球消费状况年度报告[M]. 武汉：湖北科学技术出版社，2023.

[8]何国生．园林树木学[M]. 北京：机械工业出版社，2020.

[9]陈有民．园林树木学[M]. 北京：中国林业出版社，1990.

[10]包志毅．世界园林乔灌木[M]. 北京：中国林业出版社，2004.

[11]张梅，夏常英，傅连中，等. 绣球属(*Hydrangea* L.)及近缘属花粉形态的研究[J]. 广西植物，2019，39(3)：297–311.

[12]张梅，刘旭，周惠龙，等. 绣球属(*Hydrangea* L.) 29种植物的种子微形态[J]. 园艺学报，2018，45(8)：1147–1159.

[13]陈必胜，晏姿.八仙花主题园的景观营造与探索：以上海共青森林公园八仙花主题园为例[J].中国园林，2019，35(2)：110–114.

[14]新锐园艺工作室．绣球初学者手册[M]. 2版．北京：中国农业出版社，2020.

[15]糖糖．绣球映象：从新手到达人的栽培秘籍[M]. 武汉：湖北科学技术出版社，2020.

[16]乔谦，王雪，苏亚静，等．不同品种绣球花扦插对比试验[J]. 浙江农业科学，2021，62(1)：95–99+103.

[17]周余华，周琴，蒋涛，等．生长调节剂及基质对圆锥绣球扦插育苗的影响[J].

江苏农业科学，2016，44(9)：204–207.
[18]李惠群．绣球属3个园艺品种的扦插繁殖试验 [J]. 江苏林业科技，2018，45(5)：17–20.
[19]郁永富，单春兰，李长海．‘安娜贝尔’耐寒绣球引种繁育技术 [J]. 国土与自然资源研究，2016(4)：86–87.
[20]周婧雯，刘学庆，胡静宜，等．不同基质及生根粉处理对8个绣球品种扦插繁殖的影响 [J]. 山东农业科学，2021，53(11)：51–55.
[21]沈雅君．绣球对根域限制与基质透气性的生理生态响应 [D]. 上海师范大学，2022.
[22]石岩．竹粉及生物炭在花卉栽培基质中的应用效果研究 [D]. 南京：南京农业大学，2015.
[23]陈爽．秦岭地区八仙花属植物种质资源调查保存与评价研究 [D]. 咸阳：西北农林科技大学，2021.
[24]张瑛．八仙花对铅锌污染土壤的适应性及耐受机理研究 [D]. 咸阳：西北农林科技大学，2022.
[25]曾惠敏，赵冰．28个八仙花品种叶片解剖结构与植株耐旱性的关系 [J]. 东北林业大学学报，2019，47(1)：10–19.
[26]刘学刚．八仙花干旱胁迫的生理响应及对叶片结构的影响 [D]. 银川：宁夏大学，2022.
[27]HAGEN E，NAMBUTHIRI S，FULCHER A，et al. Comparing substrate moisture–based daily water use and on–demand irrigation regimes for oakleaf hydrangea grown in two container sizes[J]. Scientia Horticulturae，2014，179：132–139.
[28]程福英，王瑶，伍晓春．绣球花的变色机理及化学模型 [J]. 化学教育 (中英文)，2022，43(8)：14–20.
[29]ITO T，AOKI D，FUKUSHIMA K，et al. Direct mapping of hydrangea blue–complex in sepal tissues of *Hydrangea macrophylla*[J]. Scientific Reports，2019，9(1)：5450.

[30]YOSHIDA K, KITAHARA S, ITO D, et al. Ferric ions involved in the flower color development of the Himalayan blue poppy, Meconopsis grandis[J]. Phytochemistry, 2006, 67(10): 992–998.

[31]张盖天．大叶八仙花萼片液泡 pH调控基因 NHX1克隆与表达分析 [D]. 北京：中国农业科学院，2021.

[32]杨锁宁．基质 pH、铝离子对八仙花花色形成的调控机理 [D]. 银川：宁夏大学，2020.

[33]黄灵．八仙花变色主导因子分析及花色调控技术研究 [D]. 银川：宁夏大学，2022.

[34]胡奕挺，袁家珍，陈海霞．铝胁迫对八仙花品种‘玫红妈妈’花色的影响 [J]. 分子植物育种，2021, 19(18): 6164–6171.

[35]杨锁宁，张黎，刘春，等．温度和土壤酸度对八仙花‘Bailmer’生长发育的影响 [J]. 中国农业科技导报，2020, 22(5): 24–34.

[36]李敏．鸳鸯茉莉花瓣褪色分子机理及光温调控技术的研究 [D]. 福州：福建农林大学，2020.

[37]徐慧，刘超，钟汉东．不同光照强度对八仙花开花的影响 [J]. 北方园艺，2014(1): 81–82.

[38]庄周，李根柱．八仙花的栽培与管理 [J]. 北方园艺，2007(9): 129–131.

[39]王培，张黎，郝杨．八仙花速效水溶性肥料应用试验研究 [J]. 园艺与种苗，2019, 39(4): 30–35.

[40]徐志华.园林花卉病虫生态图鉴 [M]. 北京：中国林业出版社，2006.

[41]徐公天，杨志华.中国园林害虫 [M]. 北京：中国林业出版社，2007.